W0238249

BOMBER UND SCHLACHTFLUGZEUGE
Deutsche Luftwaffe 1935 – 1945

Herbert Ringlstetter

BOMBER UND SCHLACHT-FLUGZEUGE

Deutsche Luftwaffe 1935 – 1945

GeraMond

Impressum

Verantwortlich: Martin Distler
Redaktion: Herbert Ringlstetter
Satz: Karin Vierheller
Umschlaggestaltung: Ralph Hellberg
Repro: Cromika, Verona
Herstellung: Barbara Uhlig
Printed in Slovenia by Korotan

Dieses Werk enthält historische Abbildungen aus der Zeit der nationalsozialistischen Diktatur, sie können Hakenkreuze oder andere verfassungsfeindliche Symbole beinhalten. Soweit solche Fotos in diesem Werk veröffentlicht werden, dienen sie zur Berichterstattung über Vorgänge des Zeitgeschehens und dokumentieren die militärhistorische und wissenschaftliche Forschung. Diese Publikation befindet sich damit im Einklang mit der Rechtslage in der Bundesrepublik Deutschland, insbesondere § 86 (3) StGB. Wer solche Abbildungen aus diesem Werk kopiert und sie propagandistisch im Sinne von § 86 und § 86a StGB verwendet, macht sich strafbar!
Redaktion und Verlag distanzieren sich ausdrücklich von jeglicher nationalsozialistischer Gesinnung.

★★★★★

Sind Sie mit diesem Titel zufrieden? Dann würden wir uns über Ihre Weiterempfehlung freuen.
Erzählen Sie es im Freundeskreis, berichten Sie Ihrem Buchhändler, oder bewerten Sie bei Onlinekauf.
Und wenn Sie Kritik, Korrekturen, Aktualisierungen haben, freuen wir uns über Ihre Nachricht an GeraMond Verlag, Postfach 40 02 09, D-80702 München oder per E-Mail an lektorat@verlagshaus.de.

Unser komplettes Programm finden Sie unter www.geramond.de

Alle Angaben dieses Werkes wurden vom Autor sorgfältig recherchiert und auf den aktuellen Stand gebracht sowie vom Verlag geprüft. Für die Richtigkeit der Angaben kann jedoch keine Haftung übernommen werden.

Die Deutsche Nationalbibliothek verzeichnet diese Publikation in der Deutschen Nationalbibliografie; detaillierte bibliografische Daten sind im Internet über http://dnb.d-nb.de abrufbar.

Sonderausgabe mit freundlicher Genehmigung von FLUGZEUG CLASSIC
© 2014 GeraMond Verlag GmbH, München
ISBN 978-3-95613-405-0

Junkers Ju 88 A-4 der I. Gruppe/Kampfgeschwader 77, die ab September 1942 auf Sizilien stationiert war. Der Sichtschutzanstrich des Sturzkampfbombers wurde den Verhältnissen gemäß angepasst.

Inhalt

■ Der »Fliegende Bleistift«

Dornier Do 17

Nur die Do 17 V1 hatte ein einfaches Seitenleitwerk. Der sehr schlanke Rumpf brachte dem Flugzeug bald den Spitznamen »Fliegender Bleistift« ein

Foto Dornier Unternehmensarchiv

Auf dem Züricher Flugmeeting 1937 sorgte Dorniers Do 17 mit ihrer äußerst schlanken Linienführung und hohen Geschwindigkeit für enormes Aufsehen. Im selben Jahr nahm die aufstrebende Deutsche Luftwaffe das außergewöhnliche Kampfflugzeug in Dienst

Das Heereswaffenamt gab 1932 eine Ausschreibung für ein zweimotoriges so genanntes »Schnellverkehrsflugzeug« heraus. Vordergründig für die zivile Nutzung geplant, sollte es aber vor allem zur militärischen Verwendung geeignet sein.

Dornier schlug zunächst die Do 15 vor, eine veraltete Konstruktion, welche jedoch auf Ablehnung stieß. Schnellstens legte Dornier nach und weckte 1933 mit dem später als Do 17 bezeichneten Neuentwurf das Interesse der Ausschreiber.

Nachdem im März 1934 auch die Attrappenbesichtigung zur Zufriedenheit der Auftraggeber verlaufen war, bestellten die Verantwortlichen im seit April 1933 bestehenden Reichsluftfahrtministerium (RLM) zwei Versuchsflugzeuge – ein ziviles und ein militärisches, dem absoluter Vorrang gegeben wurde. Schon am 23. November 1934 startete Flugkapitän Egon Fath mit der später als V1 bezeichneten Do 17 C (W.Nr. 256), angetrieben von zwei V-12-Zylinder-Reihenmotoren BMW VI 7,3, erfolgreich zum Erstflug. Die Maschine war schnell, wendig und zeigte, mit Ausnahme des zu starken Gierverhaltens, insgesamt recht ansprechende Flugeigenschaften.

Gute fünf Monate später, am 5. Mai 1935, flog die zivile Ausführung des neuen Dornier-Typs, die bereits über ein neues Doppelleitwerk verfügte, womit sich die Stabilität um die Hochachse wesentlich verbesserte. Zwei je 690 PS leistende BMW VI 6,0 mit Zweiblattpropellern waren für den Vortrieb der für sechs Fluggäste vorgesehenen Maschine zuständig, die zunächst die Bezeichnung Do 17 A (W.Nr. 257), später V2 erhielt. Als Passagierflugzeug wirkte die Do 17 wegen der sehr beengten Platzverhältnisse vollkommen ungeeignet, in der Rolle eines schnellen Post- und Frachtflugzeuges hätte die moderne, fast komplett aus Metall bestehende Konstruktion schon eher gefallen können. Die Deutsche Lufthansa winkte jedoch nach kurzer Erprobung wegen zu kostspieliger Betriebskosten ab und zeigte sich nicht weiter an der Do 17 interessiert. So richtete sich die folgende Entwicklung gänzlich auf militärische Einsatzbelange für die inzwischen offiziell ausgerufene und vom Ausland hingenommene neue Deutsche Luftwaffe.

Ein weiterer Prototyp erhielt zwei spanische Hispano Suiza 12 Ybrs, ebenfalls V-12-Zylinder-Reihenmotoren. Diese Variante wurde jedoch nicht weiter verfolgt.

Konstruktiver Aufbau

Der in Schalenbauweise gefertigte Rumpf war aerodynamisch sauber ausgeführt und wies einen durchgehend geringen Querschnitt auf. Die weit vorne liegende Kabine wurde von der Besatzung über eine kleine Tür dicht unterhalb der linken Flügelwurzel bestiegen. Die Abwurflast lagerte intern im Mittelrumpf des Bombers, während im Aufklärer eine hoch auflösende Kamera (später auch zwei) installiert war.

Bei einer Rumpflänge von 16,25 Metern der Do 17 E und F (die der V1 lag so-

OBEN/RECHTS UNTEN **Die Do 17 MV1 (V8, W.Nr. 691) beim Internationalen Flugmeeting 1937 in Dübendorf/Zürich. Das schnittige Flugzeug deklassierte die Konkurrenz und zog das Interesse der Militärs auf sich. Später erhielt die Maschine das Kennzeichen D-AELE**

Blick in den Führerraum der Do 17 V2

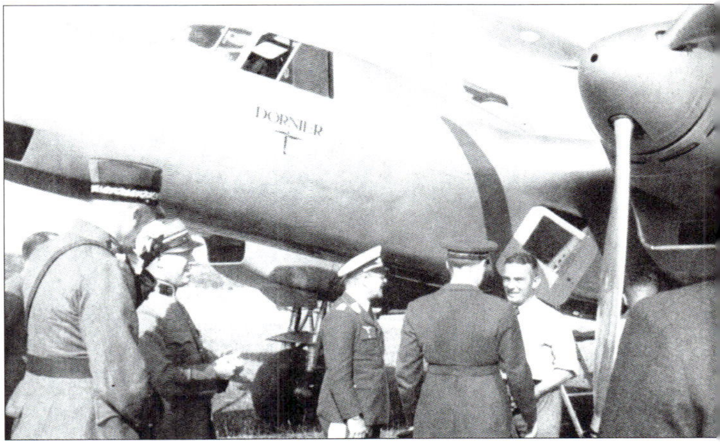

gar bei 17,10 m), fiel die Spannweite des Schulterdeckers mit 18 Metern auffallend kurz aus. Die trapezförmigen zweiholmigen Tragflächen waren freitragend mit abgerundeten Enden ausgeführt und auf den Unterseiten teilweise mit Stoff bespannt. Zwischen den Schlitzquerrudern und dem Rumpf sorgten bis zu 60 Grad anstellbare Spreizklappen für mehr Auftrieb. Das Höhen- und Seitenleitwerk kam ebenfalls ohne Abstrebung aus, wobei das letztere als so genanntes Endscheibenleitwerk ausgelegt war. Neben guten aerodynamischen Führungseigenschaften, verschaffte dieses dem Schützen im Abwehrstand auf dem Rumpfrücken ein freies Schussfeld direkt nach hinten.

Die Höhenflosse war während des Fluges verstellbar. Alle Ruderflächen verfügten über Gewichtsausgleich und Trimmklappen, das Seitenruder außerdem über einen Hornausgleich.

Das Hauptfahrwerk konnte, und dies war Mitte der 1930er Jahre noch keineswegs selbstverständlich, nach hinten in die Motorgondeln unterhalb der Flächen zu etwa drei Vierteln eingezogen werden, während das Spornrad sogar ganz im Rumpf verschwand.

Erste Serien E und F

Nach umfangreichen Erprobungsarbeiten und weiteren Versuchsmaschinen, kam es zur ersten Serie, dem Bomber Do 17 E-1, der 1936 in Produktion ging.

Der Typ wies einen verkürzten Bug mit verglaster Kuppel samt Bombenzielgerät auf. In der Regel konnten je nach Einsatzzweck bis zu 500 kg und mit Überlast maximal 750 kg Bomben verschiedener Größen horizontal in unterschiedlichen Bombenmagazinen geladen werden.

Die dreiköpfige Besatzung bestand aus dem Flugzeugführer, dem Bombenschützen und dem Funker im hinteren Teil der Kabine. Zur Abwehr feindlicher Jäger diente ein MG 15 im offenen B-Stand auf dem Rumpfrücken sowie ein zweites MG 15, installiert in einem kleinen Fenster im Rumpfboden (C-Stand), das Angreifer allerdings nur in einem recht beschränkten Abwehrraum erfassen konnte. Der Do 17 E-1 folgte 1937 die Fernaufklärer-Version F-1. Im Grunde baugleich mit der E-1, verfügte die F-1 anstatt der Bombenmagazine über ein Reihenbildgerät Rb 50/18 oder Rb 50/30. Zudem konnte anstelle der vorderen Kamera ein Magazin für sechs Fallschirm-Leuchtbomben LC 50 F eingebaut werden.

Den Antrieb der E- und F-Serie übernahmen wieder zwei stehend eingebaute flüssigkeitsgekühlte BMW VI 7,3. Die Startleistung von jeweils 750 PS gaben die bewährten Aggregate mit knapp 46 Litern Hubraum an dreiflüglige Verstell-Luftschrauben ab. Lediglich in Details verbessert folgten die Versionen E-2 und E-3 sowie die F-2, von der nur wenige Exemplare entstanden.

Do 17 M und P

Zu einer erheblichen Leistungssteigerung führte 1937 der Einbau von zwei 9-Zylinder-Sternmotoren Bramo 323 A Fafnir mit einer Startleistung von 900 PS. Die Bombenlast erhöhte sich auf 1000 kg, als Zielgerät diente das Lotfe C 7, eine Kurssteuerung erleichterte zudem die Navigation. Die Klappen wurden nun elektrisch betätigt, genauso wie das

OBEN LINKS **Do 17 E des KG 255 mit übermalten Balkenkreuzen zur Darstellung des »Feindes« während eines Manövers. Vorne auf der Rumpfunterseite ist die Verkleidung des Bombenzielgeräts zu erkennen**

Während eines Übungsfluges in der Kabine einer Do 17 E – rechts kniend der Bombenschütze

Hauptfahrwerk, das komplett in die erweiterten Motorgondeln einfuhr. Das Tragwerk wies eine vollständige Duralbeplankung auf. Eine weitere Neuerung gegenüber der E-Serie bestand im geschlossenen B-Stand mit Linsenlafette.

Wie schon die letzten E-Varianten, erhielt auch die Do 17 M ein zusätzliches MG 15 (A-Stand) in der rechten Windschutzscheibe. In Einzelfällen kam auch ein MG 15 in der Bugkanzel zum Einbau.

Die Fernaufklärervariante Do 17 P rüstete man dagegen mit dem BMW 132 N aus, der eine Startleistung von 865 PS aus 27,7 Litern Hubraum erbrachte. Für scharfe Fotos sorgten zwei Reihenbildgeräte Rb 50/18 (oder Rb 50/30) und 10/18 (oder 21/18 bzw. 20/30). Für den Nachteinsatz konnten an Außenträgern unter dem Rumpf Leuchtbomben montiert werden, die den Erkundungsraum kurzzeitig erhellten. Für den Tropeneinsatz stattete Dornier die Version P-1/Trop mit Sandfiltern und einer Überlebensausrüstung aus.

Die als Pfadfinder- und Führungsflugzeug gedachte L-Serie ging nicht in Produktion.

Obwohl verschiedentlich eingebaut und getestet (Do 17 RV1 mit DB 600 und RV2 mit DB 601) kam es zu keiner Do 17-Serie (erst später in der Do 215) mit Daimler-Benz-Motoren, die für die Produktion von He 111-Kampfflugzeugen und Bf 109-Jägern gebraucht wurden.

Gebaut wurden die ersten Do 17-Serien außer bei Dornier, vor allem auch in Lizenz bei Henschel, Siebel und Hamburger Flugzeugbau.

Für den Flugwettbewerb beim IV. Internationalen Flugmeeting in Düben-

Die erste Aufklärervariante Do 17 F-1, hier noch ohne Bewaffnung

Dornier Do 17 M
6. Staffel/Kampfgeschwader 2
September 1939

Lackierung: RLM 61/62/63/65

© Herbert Ringlstetter – Aviaticus.com

Auslandsversion: Do 17 Ka-1 mit Gnôme-Rhône 14-Sternmotoren für Jugoslawien

Über Spanien: Do 17 E der Legion Condor BMW AG Konzernarchiv

Erstarkte Bombervariante: Do 17 M (DO + HY) mit zusammen 1800 PS leistenden Bramo 323

Technische Daten und Stückzahlen – Do 17

Dornier Do	17 E	17 P
Einsatzzweck	Bomber	Fernaufklärer
Erstflug	1936	1937
Besatzung	3	3
Antrieb	2 x V-12-Zylinder-Reihenmotor BMW VI 7,3	2 x 9-Zylinder-Sternmotor BMW 132 N
Startleistung	2 x 750 PS (ges. 1500 PS)	2 x 865 PS (ges. 1730 PS)
Dauerleistung	2 x 550 PS (ges. 1100 PS)	2 x 665 PS in 4500 m (ges. 1530 PS)
Spannweite	18,00 m	18,00 m
Länge	16,25 m	16,11 m
Höhe	4,62 m	4,55 m
Flügelfläche	55 m^2	55 m^2
Leergewicht	4509 kg	4925 kg
Startgewicht max.	7045 kg	7730 kg (als Nachtaufklärer)
Flächenbelastung max.	128 kg/m^2	141 kg/m^2
Reisegeschwindigkeit max.	315 km/h in Meeresh. 265 km/h in 4000 m	290 km/h in Meeresh. 390 km/h in 4000 m
Höchstgeschwindigkeit	355 km/h in Meeresh. 310 km/h in 4000 m	350 km/h in Meeresh. 416 km/h in 4000 m
Startgeschwindigkeit	–	134 km/h
Landegeschwindigkeit	121 km/h	129 km/h
Startstrecke bis 20 m Höhe	–	682 m
Landestrecke aus 20 m Höhe	–	596 m
Steigleistung	– 1000 m in 2,6 min – – –	5 m/sec in Bodennähe 1000 m in 3,5 min 2000 m in 7 min 3000 m in 11 min 6000 m in 29 min
Reichweite max.	1590 km 1875 km in 4000 m	1550 km in Bodennähe 1725 km in 6700 m
Dienstgipfelhöhe	5450 m	6700 m
Abwehrbewaffnung	2–3 x MG 15–7,92 mm	3 x MG 15–7,92 mm
Abwurflast	500 kg Bomben (Überlast 750 kg)	4 x Leuchtbombe LC 50 F

Für die Luftwaffe gebaute Do 17 E-P

Variante	Stückzahl
E	399
F	178
M	200
P	330
Gesamt	1107

dorf bei Zürich im Juli 1937 rüstete man ein Flugzeug mit zwei speziellen, je etwa 1200 PS starken V-12-Reihenmotoren DB 601 mit Benzineinspritzung aus. Offiziell wurde die Do 17 MV1 allerdings von DB 600-Vergasermotoren mit je 1000 PS angetrieben!

Schneller als die Jäger

Die Fachwelt staunte und der »Fliegende Bleistift«, wie die elegante Maschine auch genannt wurde, gewann: Im Alpenrundflug über die insgesamt 367 km lange Strecke Dübendorf – Thun (105 km) – Bellinzona (125 km) und zurück nach Dübendorf (137 km) siegte die schnittige Zweimot mit vierköpfiger Besatzung in der Kategorie Militär-Mehrsitzer überlegen in einer Gesamtzeit von 58 Minuten und 42 Sekunden bei durchschnittlich 375,5 km/h. Die erreichte Höchstgeschwindigkeit wurde mit 425 km/h ermittelt. Damit war die Do 17 MV1 schneller als alle teilnehmenden ausländischen Jagdflugzeuge und nur rund zwei Minuten langsamer als die Siegerin bei den Einsitzern, die 730 PS starke Bf 109 V9 der Bayerischen Flugzeugwerke (Messerschmitt). Neben ihrer überlegenen Geschwindigkeit präsentierte sich die Do 17 zudem mit hervorragenden Flugeigenschaften – selbst Kunstflug mit nur einem Motor blieb

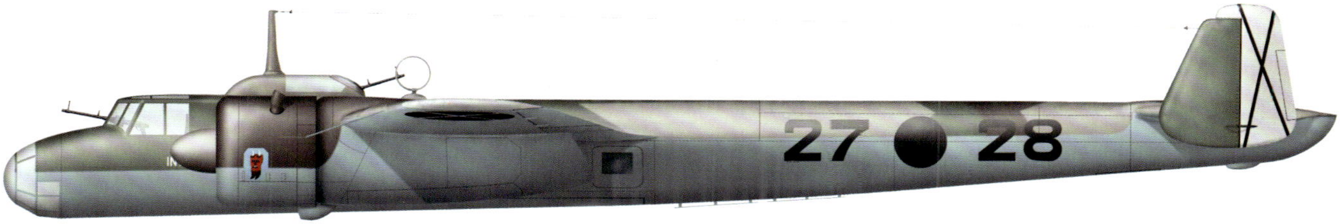

Dornier Do 17 P-1 der Aufklärungsstaffel 88 der Legion Condor in Spanien 1937/38 Rumpfaufschrift: INTAVIA.
Lackierung: RLM 61/62/63/65

Vorne an der Rumpfunterseite dieser Do 17 E-Bomber ist die Verkleidung des Bombenzielgeräts zu erkennen Foto BMW

Do 17 P der Aufkl.Gr. 10 während eines Motor-Probelaufes. Neben dem Emblem der Gruppe die passende Aufschrift »ELSTER«. Für den Nachteinsatz ist die Maschine auf der Unterseite provisorisch geschwärzt

Offenbar noch einmal glimpflich abgegangen ist die Bauchlandung einer Do 17 P der Aufklärungsgruppe 10 »Tannenberg«

Zum Schutz vor der prallen Sonne sind die Reifen dieser Do 17 P-Aufklärer mit dafür vorgesehenen Planen abgedeckt. Foto BMW AG Konzernarchiv

Do 17 P-2 mit BMW 132-Sternmotoren und geschlossenem Abwehrstand auf dem Rumpfrücken. Der Typ unterschied sich nur geringfügig von der P-1. Die Maschine trägt den Segment-Sichtschutzanstrich aus Schwarzgrün/Dunkelgrün mit hellblauen Unterseiten (RLM 70/71/65)

dem beeindruckten Publikum nicht verwehrt.

Export-Version

Nach Sichtung und Begutachtung der Do 17 beim Züricher Flugtreffen bestellte Jugoslawien die Do 17. Die Maschinen wurden als Do 17 Ka-1 und Ka-2 (Aufklärer) und Kb-1 (Bomber) bezeichnet. Als Abwehrbewaffnung erhielten die Flugzeuge meist eine 20 mm-Hispano-MK und drei 7,92 mm-Browning-MGs. Bis 1939 die Lizenzproduktion im Staatsbetrieb Drzauna Fabrika Aviona anlief, wurden 36 Flugzeuge geliefert. Die ersten K-Modelle erhielten je 870 PS starke Gnôme-Rhône 14 K-Sternmotoren, spätere Maschinen den 980 PS leistenden Gnôme-Rhône 14 NO. Überdies entsprachen sie entwicklungstechnisch der Do 17 M/P. Nach der Einnahme Jugoslawiens im Frühjahr 1941 fiel ein Teil dieser Maschinen in deutsche Hände und wurde der neu aufgestellten Kroatischen Luftwaffe unterstellt. Neben der Heinkel He 111 und Junkers Ju 86 gehörte die Do 17 ab Mitte 1937 der ersten Generation moderner Kampfflugzeuge der neuen Deutschen Luftwaffe an. Das Kampfgeschwader 255 bekam als erste Einheit den neuen Bomber zugewiesen.

Im Einsatz

Auf ihre Feuertaufe brauchte die Do 17 nicht lange zu warten, denn noch 1937 schickte man die ersten Do 17 E nach Spanien zum Versuchsverband 88 (VB/88) und bald darauf zur Aufklärungsstaffel 88 der deutschen Eingreiftruppe Legion Condor. Der dort tobende Bürgerkrieg

Auf der Rumpfunterseite dieser Do 17 P sind der C-Stand mit herausragendem MG 15 sowie die nacheinander folgenden Schiebedeckel für die beiden Reihenbildkameras zu erkennen

BMW AG Konzernarchiv

verschaffte der Luftwaffe ein willkommenes Erprobungsfeld. Schnell zeigten sich im realen, scharfen Einsatz Stärken und Schwächen von Personal und Einsatzmaschinen. Zwar war die Do 17 schnell und schwer abzufangen, doch besonders gegen die neuesten sowjetischen Jäger des Typs Polikarpow I-16 stellte sich auch die Defensivbewaffnung der Do 17 als unzureichend heraus, was zum Einbau eines weiteren MGs führte.

Bei Ausbruch des Zweiten Weltkriegs am 1. September 1939 standen nur noch wenige Do 17 M-Bomber in den Reihen der Frontverbände. Leistungsstärkere He 111-Versionen und das hauseigene Nachfolgemuster Do 17 Z mit komplett überarbeitetem Kabinenaufbau hatten inzwischen ihren Platz eingenommen.

Bei den Aufklärungseinheiten flog dagegen nach wie vor die Do 17 P Fernaufklärung bei Tag und Nacht, vereinzelt auch Nahaufklärung, wobei sie sich noch lange in den Krieg hinein bewährte. Von den Frontverbänden abgezogene Flugzeuge wurden überwiegend an Schuleinheiten abgegeben, wo sie so lange wie möglich im Einsatz blieben.

Der Pilot einer frühen Do 17 schrieb 1939: »Einige Zeit bevor der Krieg begann, waren wir sehr froh den Do 17-Bomber fliegen zu dürfen, eine der frühen Versionen mit BMW VI-Motoren. Die Steuerung der Do 17 arbeitet bei hohen Geschwindigkeiten angenehm und die Wendigkeit ist sehr gut. Bei niedriger Geschwindigkeit wirkt sie dagegen schwammig. Die Landung ist schnell. Normalerweise kommt die Do 17 mit etwa 175 km/h herein und setzt mit ungefähr 125 km/h auf. Da das Fahrwerk weit vorne liegt, kann gleich danach voll gebremst werden. Die Kabine lässt nur wenig Platz um sich zu bewegen, und man kann sich vorstellen, dass die Besatzung auf langen Aufklärungsflügen sehr müde wurde.« ◀

Do 17 Z-0 – gegenüber der M-Variante erhielt die Z-Version einen völlig neuen Kab nenaufbau. Lackiert ist das Flugzeug im Standard-Segment-Sichtschutzanstrich RLM 70/71/65

■ Der »Fliegende Bleistift«

Dornier Do 17 und 215

1939 erhielten Kampfverbände der Luftwaffe die stark verbesserte Do 17 Z. So wurde der Bomber und Aufklärer zu einem der Haupteinsatzmuster der ersten Kriegsjahre

Einsätze im Rahmen der Legion Condor über Spanien hatten schon 1937 eine deutliche Schwäche der Do 17 offenbart: Die Abwehrbewaffnung gegen schnelle Jagdflugzeuge war unzureichend. Zwar brachte ein weiteres Maschinengewehr Besserung, doch für weitere Maßnahmen waren die Platzverhältnisse in der Kabine einfach zu eng.

Neuer Kabinenaufbau

Abhilfe brachte 1938 die völlige Neukonstruktion und Vergrößerung des Vorderrumpfes mit erweiterter Kabine. Der neue Aufbau, der sogenannte Kampfkopf, bot wesentlich bessere Sichtverhältnisse und genug Platz für

Do 17 Z der 5./KG 76 im engen Verbandsflug. Die rechte Maschine trägt die Kennung F1+AN, die hintere F1+BN

Besonders der Bombenschütze und der Schütze im C-Stand erhielten in der Do 17 Z wesentlich mehr Platz, da die Kabine erheblich vergrößert wurde

ein viertes Besatzungsmitglied (Bordschütze/Mechaniker).

Zur Abwehr feindlicher Jäger waren zunächst vier MG 15, Kaliber 7,92 mm, eingebaut, eines vorne in der Bugkanzel, ein weiteres in der rechten Windschutzscheibe (beides A-Stand). Das dritte MG befand sich im B-Stand auf dem Rumpfrücken, installiert in einer Linsenlafette LL-G. Ein viertes MG 15 war im nach unten abgesetzten Vorderrumpf (C-Stand) rückwärtig schräg nach unten eingebaut.

Den Antrieb übernahmen, wie bei der vorangegangenen M-Variante, zwei luftgekühlte Bramo 323 A-Sternmotoren mit einer Startleistung von jeweils 900 PS, die an dreiblättrige Verstell-Luftschrauben aus Metall übertragen wurden.

Eine Do 17 Z der 9./KG 76 mit Staffelemblem und gelben (Farbe der 3., 6. und 9. Staffel) Propellerhauben 1940 in Frankreich. Die Maschine ist mit sechs MG 15 bestückt

Großserie Do 17 Z

Eine als Schnellaufklärer konzipierte Version S erhielt als Erste das veränderte Rumpfvorderteil, ging jedoch nicht in Serie. Ein paar Exemplare mehr, 15 Stück, entstanden von der Pfadfinder- und Führungsflugzeug-Version Do 17 U, deren Besatzung aus fünf bis sechs Mann bestand.

In Großserie ging die neue Do 17 mit der Z-1, die nach 113 Exemplaren durch die etwas verbesserte Do 17 Z-2 mit zwei je 1000 PS starken Bramo 323 P abgelöst wurde. In den Seitenfenstern vor dem B-Stand wurden zwei weitere MG 15 eingebaut, wodurch sich die Defensivbewaffnung auf sechs Maschinengewehre erhöhte. An Bombenlast konnten maximal 1000 kg mitgeführt werden, die sich entweder aus vier 250-kg- oder 20 50-kg-Bomben zusammensetzten. Die Bomben wurden mittels Lotfernrohr Lotfe C/7A gezielt abgeworfen, das im vorderen Rumpfbereich dicht vor der mit planen Scheiben verglasten Bugkanzel eingebaut war.

Die maximale Eindringtiefe betrug bei 1000 kg Abwurflast und normaler Kraftstoffmenge nur etwa 330 Kilometer. Diese konnte zwar auf rund 1150 Kilometer gesteigert werden, musste jedoch durch Einbau eines weiteren Treibstofftanks im Bombenraum erkauft werden, was die mögliche Bombenlast auf 500 kg verringerte.

Aufgenommen aus dem B-Stand einer Do 17 Z des KG 2: in Formation auf Feindflug

Eine Do 17 Z der 7./KG 3 wird betankt BMW AG Konzernarchiv

Für den Einsatz als Aufklärungsbomber konnte die Version Z-3 mit Reihenbildgeräten Rb 50/30 und Rb 20/30 bestückt werden und zudem 500 kg an Bomben mitführen. Als reiner Bomber ließ sich das Kampfflugzeug nun auch mit zwei 500-kg-Bomben beladen. Die Z-4 war dagegen mit Doppelsteuerung ausgerüstet und diente der Blindflugschulung. Das Modell Do 17 Z-5 basierte auf der Z-3 und war speziell für den Überwassereinsatz ausgestattet. Dazu gehörten: Abdrift- und Grundgeschwindigkeitsmesser, Seenotausrüstung sowie aufblasbare Schwimmkörper in Rumpf und Motorgondeln für den Fall einer Notwasserung. Nicht in Serie ging die Wettererkunder-Version Z-6, genauso wie die Schlachtflugzeug-Ausführung Z-8. Zum Abwurf von insgesamt 80 10-kg-Splitterbomben im Tiefangriff rüstete man die Do 17 Z-9 mit speziellen Abwurfgeräten aus. Gebaut wurde aber wahrscheinlich nur ein Versuchsflugzeug.

Die Do 17 Z einer 12. Staffel steht mit geöffneter Einstiegsluke startbereit auf einem Flugfeld

Do 215

Als letzte Bauserie der Do 17-Reihe entstand 1939 die Do 215. Dabei handelte es sich um eine Version, die aus der Do 17 Z hervorging. Die Bezeichnung ließ zwar auf ein neues Muster schließen, da eine Buchstabenbenennung nach Z nicht möglich war, entschied man sich für eine komplett neue Bezeichnung. Der grundlegendste Unterschied gegenüber der Z-Reihe bestand im Einbau von flüssigkeitsgekühlten Daimler-Benz-V-12-Reihenmotoren DB 601. Konzipiert war das Flugzeug als Aufklärungsbomber mit einer Abwurflast von bis zu 500 kg. Die Do 215 V-1 flog erstmals am 29. Oktober 1938 und ging kurz darauf durch Absturz verloren. Zur Fortsetzung der Versuche zog man ein weiteres Versuchsflugzeug heran, das jedoch wieder mit Sternmotoren ausgerüstet war. Ein zweites Do 215 V-Muster soll für den Export nach Jugoslawien mit Gnôme Rhône 14 NO-Sternmotoren bestückt gewesen sein.

Der direkte Vorläufer des A-Modells mit DB 601 war schließlich die V-3. Die erste in Serie produzierte Version wurde der Fernerkunder Do 215 B-1, gefolgt

Do 17 Z-2 der 4./KG 77 während des Polenfeldzuges im September 1939. Lackierung: RLM 70/71/65, vorne am Rumpf das Emblem der II. Gruppe. Ob dieses wirklich aufgemalt war, ist jedoch nicht dokumentiert

In Gefechtsmontur posiert der MG-Schütze im B-Stand einer Do 17 Z für den Fotografen

Do 215-V2 (D-AIIB) mit Sternmotoren. Die Maschine weist ein außergewöhnliches Tarnmuster mit geschwungenen Übergängen der alten Farben RLM 61/62/63 auf. Ein Versuchsanstrich?

Wartungsarbeiten am linken Bramo 323-Motor einer Do 17 Z

Do 17 Z des KG 3 (5K+), das den Beinamen »Blitzgeschwader« trug

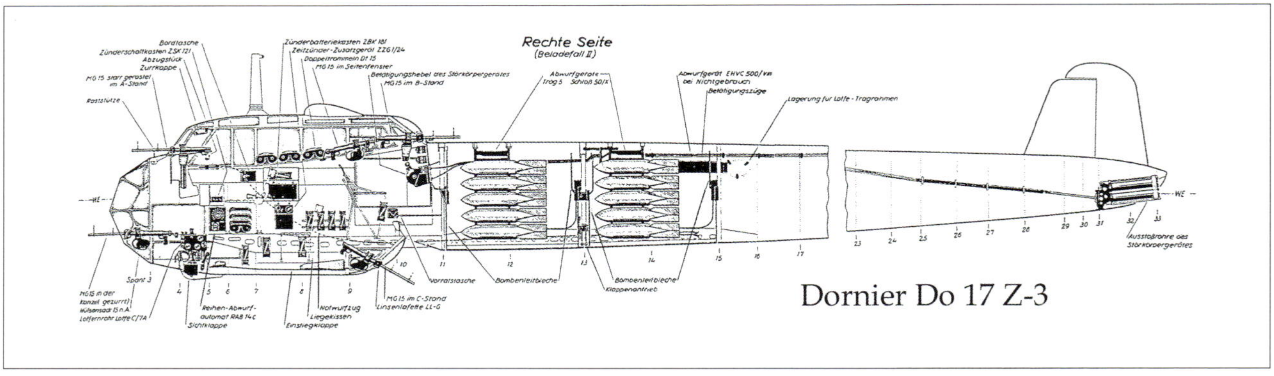

Das reichhaltige Innenleben einer Do 17 Z-3

vom Bomber B-2. Leistungsgesteigerte Motoren DB 601Ba mit einer Startleistung von 1175 PS erhielten die Bombervariante B-3 und der Fernaufklärer B-4. Die Do 215 B-6 wurde mit speziellen Höhenmotoren DB 601 T ausgestattet, aber nicht in Serie gebaut.

18 für Schweden bestimmte Do 215 A kamen wegen des Kriegsausbruchs nicht mehr zur Auslieferung. Zwei Do 215 B-3 gingen dagegen aufgrund des Nichtangriffspaktes Ende 1939 an die Sowjetunion. Von Dezember 1939 bis Januar 1941 sollen insgesamt 102 Do 215 die Werkshallen verlassen haben.

Nachtjäger

Mit der Do 17 Z-7, »Kauz I«, kamen erste Bemühungen zum Tragen, die Do 17 für den Einsatz als Nachtjäger zu nutzen. Die MGs in den Seitenfenstern und im C-Stand wurden entfernt, die Besatzung auf zwei Mann reduziert. In der Bugkanzel wurden drei MG 17 und ein MG 151 installiert. Einen weiteren Nachtjägerversuch unternahm man mit der Do 17 Z-10, »Kauz II«. Im neu gestalteten unverglasten Waffenbug kamen neben vier 20-mm-Kanonen bis zu vier MG 17 zum Einbau. Geflogen wurde mit drei Mann. Jedoch entstanden nur neun dieser Do 17-Nachtjäger.

Auch aus der Do 215 entstanden Nachtjäger unter der Bezeichnung B-5 »Kauz III« durch Umbau einiger Do 215 B-1. Der Typ erhielt den Bug der Do 17 Z-10 sowie eine darin integrierte »Spanner«-Sichtanlage

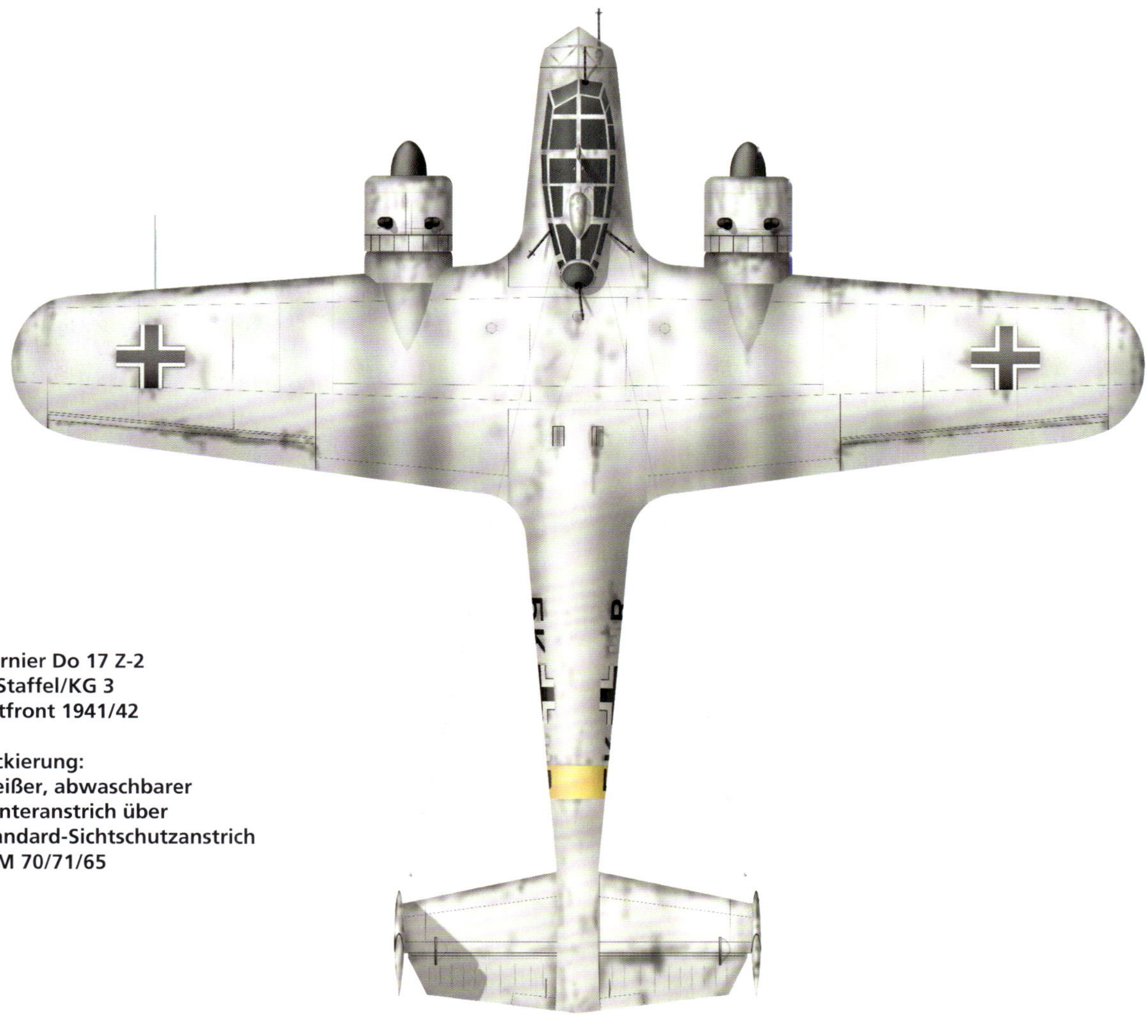

Dornier Do 17 Z-2
7. Staffel/KG 3
Ostfront 1941/42

Lackierung:
Weißer, abwaschbarer
Winteranstrich über
Standard-Sichtschutzanstrich
RLM 70/71/65

© Herbert Ringlstetter – Aviaticus.com

OBEN **Do 215 B-1 mit DB 601-V-12-Reihenmotoren**

MITTE **Aufklärungsbomber Do 215 B-4**

UNTEN **Diese Do 215 B schaffte es nicht mehr bis zum Einsatzplatz in Frankreich. Im Falle einer Bauchlandung konnte das Flugzeug auch über den B-Stand verlassen werden**

mit Infrarotscheinwerfer. Die Bewaffnung von vier 7,92-mm-MG 17 befand sich ebenfalls in der Nase, ein bis zwei 20-mm-MG-FF konnten zudem in einem Behälter unter dem Rumpf mitgeführt werden. Versuchsweise erhielten Mitte 1941 und 1942 einige Maschinen die Funkmessanlage FuG 202 »Lichtenstein B/C«.

Im Einsatz

Mit dem Überfall auf Polen am 1. September 1939 begann auch für die Z-Version der Do 17, mit dem die Kampfgeschwader 2, 3, 76 und 77 ausgerüstet waren, der Ernst des Einsatzzwecks. Nachdem sich das Muster über Polen in überlegener Position, aber auch über Frankreich gegen die an sich gut gerüstete, aber dilettantisch geführte Armée de l'Air gut bewährt hatte, standen die deutschen Bomberverbände im Sommer 1940 einem weitaus härteren Gegner gegenüber: dem Fighter Command der Royal Air Force, dessen Jagdflieger dank guter Führung und der Hilfe neuester Funkmesstechnik (Radar) der deutschen Luftwaffe enorme Verluste beibrachten. Erneut erwies sich die Defensivbewaffnung der Do 17 als unzureichend. Auch der mögliche taktische Einsatzradius und die Bombenlast konnten nicht überzeugen. Nach und nach verschwanden daher die Do 17 Z aus den Reihen der Bomberverbände, wo sie durch die leistungsfähigeren He 111 und Ju 88 ersetzt wurden. Die Do 17 gingen überwiegend an Schuleinheiten. Als Aufklärer bewährten sich die Typen Z-3 und 215 B dagegen bis zu ihrer Ablösung gut, als Nachtjäger zeigte sich die Do 17, eingesetzt bei den Nachtjagdgeschwadern 1 und 2, dagegen nur als bedingt brauchbar. Neben der Luftwaffe kamen Do 17 Z auch in den verbündeten Luftstreitkräften von Finnland, Bulgarien, Ungarn und Rumänien zum Einsatz. ◀

Technische Daten – Do 17 und 215

Dornier Do	17 Z-2	215 B-1
Einsatzzweck	Bomber	Aufklärungsbomber
Erstflug	1938	1939
Besatzung	4	4
Antrieb	2 x 14-Zylinder-Sternmotor Bramo 323 P	2 x V-12-Zylinder-Reihenmotor DB 601 B
Startleistung	2 x 1000 PS (ges. 2000 PS)	2 x 1100 PS (ges. 2200 PS)
Kampfleistung	2 x 960 PS (ges. 1920 PS)	2 x 960 PS (ges. 1920 PS)
Dauerleistung	2 x 660 PS (ges. 1320 PS)	–
Spannweite	18,00 m	18,00 m
Länge	15,80 m	15,80 m
Höhe	4,56 m	4,56 m
Flügelfäche	55 m²	55 m²
Leergewicht	5200 kg	5767 kg
Rüstgewicht	5870 – 5955 kg	–
Startgewicht max.	8575 kg (8825 kg Überlast)	8790 kg
Flächenbelastung max.	160 kg/m²	160 kg/m²
Reisegeschwindigkeit max.	270 km/h in Meereshöhe (voll beladen)	410 km/h in 4000 m
	300 km/h in 4000 m (voll beladen)	
Höchstgeschwindigkeit	300 km/h in Meereshöhe (voll beladen)	385 km/h in Meereshöhe
	360 km/h in 4000 m (voll beladen)	470 km/h in 5000 m
	410 km/h in 4000 m (bei 8000 kg)	
Landegeschwindigkeit	125 km/h	125 km/h
Steigleistung	3,3 min auf 1000 m	–
Anfangssteigleistung	–	365 m/sec
Reichweite	660 km mit 1000 kg Bomben	2450 km (optimal)
	1160 km mit 500 kg Bomben	
Dienstgipfelhöhe	7000 m bei 8530 kg 8200 m bei 8000 kg	9000 m
Abwehrbewaffnung	4 – 6 x MG 15 – 7,92 mm	4 x MG 15 – 7,92 mm
Abwurflast/ Einsatzausrüstung	1000 kg Bomben	500 kg Bomben möglich; 3 Reihenbildgeräte

Für die Luftwaffe gebaute Do 17 U und Z

Variante	Stückzahl
U	15
Z-1	113
Z-2	382
Z-3	368
Z-7, -10	9
Gesamt	**887**

Für Arbeiten am Fahrwerk wurde diese Do 17 Z aufgebockt

Eine Kette Do 17 Z über Athen. Die Motorverkleidungen und die Seitenruder sind gelb.

Alltag der »Schwarzen Männer«: Feldmäßig wird eine Do 17 Z instand gesetzt und gewartet

Do 17 Z-1 der 1. Staffel/Kampfgeschwader 76, im September 1940, während der Flüge gegen Großbritannien (England) war die Gruppe in Beauvais-Tille/Nordfrankreich stationiert. Der weiße Balken befand sich auch auf der rechten Flächenoberseite und diente als Orientierungshilfe für andere Besatzungen im Verbandsflug

Kampfflugzeug, Fernaufklärer und Nachtjäger

Dornier Do 217

Die mit Jumo 211 A (später 211 B) und Vierblatt-Luftschrauben ausgerüstete Do 217 V4

Die Dornier Do 217 war das Nachfolgemodell der Do 17/215. Das neue Kampfflugzeug-Muster zeichnete sich besonders durch seine enorm vielseitige Einsatzfähigkeit aus: vom Horizontalbomber bis zum Nachtjäger

Basierend auf den Vorgängermodellen Do 17 M und Z entstand 1938 das erste Versuchsmuster der Do 217. Der Aufbau der Ganzmetallkonstruktion war komplett überarbeitet und gliederte sich in wenige für den Großserienbau optimierte Baugruppen. Die Spannweite wurde um einen auf 19 Meter vergrößert. Wie bei der Do 17 Z war der Kanzelbereich der V1 wesentlich erweitert, jedoch abermals neu gestaltet. Der Entwurf der Do 217 sah verschiedene Ausführungen vor. In der Bomberversion konnten in zwei Schächten bis zu 1000 kg an Bomben mitgeführt, als Fernaufklärer zwei Reihenbildgeräte installiert werden und als Vernebelungs-Flugzeug wurden zwei S 200-Nebelerzeuger eingebaut.

Am 4. Oktober 1938 startete die Do 217 V1 (W.Nr. 687), angetrieben von zwei Daimler-Benz DB 601-V-12-Reihenmotoren, erfolgreich zum Erstflug. Doch schon am 11. Oktober stürzte das Flugzeug im Einmotorenflug ab. Am 4. November startete die V2 (W.Nr. 688, D-ABWC) zum Jungfernflug, ebenfalls mit DB 601 A. Die V3 rüstete man dagegen mit V-12-Reihenmotoren des Typs Junkers Jumo 211 A aus, genauso wie die Versuchsmaschine V4, die später auf je 1200 PS starke Jumo 211 B umgebaut wurde.

Um der Forderung des Reichsluftfahrtministeriums (RLM) nach Sturzflugfähigkeit zu genügen, erhielt die Do 217 Sturzflugbremsen in Form von vier kreuzförmig ausklappbaren Flächen, die im verlängerten Heck eingebaut waren. Wirklich befriedigen konnte die Konstruktion jedoch nicht.

Do 217 A, B, C und D

Schon die V-Muster V5 mit Jumo 211 B und V6 (erprobt mit DB 601 A, R und F) gehörten zur Vorserie A-0, von der insgesamt nur neun Maschinen gebaut wurden. Außer zur Erprobung fanden die Maschinen mit den Werknummern 2701 bis 2709 als Fernaufklärer Verwendung.

Nachdem die B-Version nicht verwirklicht wurde, entstand in nur neun Exemplaren die C-Variante mit zumeist komplett metallbeplankten Tragflächen und Jumo 211 oder DB 601. Auch die Do 217 D ging nicht in Produktion.

Großserie Do 217 E

Basierend auf einer Do 217 C (V1E) lief die erste Do 217-Großserie E an, dessen Ausstoß in nennenswertem Umfang im Frühjahr 1941 ausgeliefert wurde. Die E-1 war endlich mit dem Doppel-Sternmotor BMW 801 MA ausgestattet, der lange nicht zur Verfügung stand. Seine Startleistung betrug 1580 PS, das maximale Abfluggewicht war nochmals angehoben, an Abwurfwaffen konnten verschiedene Bomben-Kaliber, aber auch ein Lufttorpedo F5 mitgeführt werden. Das Treibstoff-Gesamtvolumen betrug 6260 Liter, mittels in- und externer Zusatztanks (z. B. 900-Liter-Behälter unter jeder Fläche) ließ sich die Reichweite erheblich erhöhen. Die Abwehrbewaffnung bestand aus einem MG 15, Kaliber 7,92 mm, vorne in der Bugkanzel, zwei weiteren MG 15 links und rechts in den Seitenfenstern hinterm Pilotensitz sowie einem MG 15 im rückwärtigen B-Stand auf dem Rumpfrücken und einem im C-Stand in der Bodenwanne mit Schussrichtung nach hinten unten. Zusätzlich konnte ein 15-mm-MG 151 im unteren Bereich des Rumpfbuges montiert werden, hauptsächlich für Tiefangriffe.

Das Folgemuster Do 217 E-2 kam mit zwei BMW 801 ML heraus, die dreiblättrige VDM-Luftschrauben mit einem Durchmesser von 3,9 Meter in Schwung brachten. Der B-Stand war nun als elektrisch betätigter Drehturm DL 131 ausgelegt, bestückt mit einem 13-mm-MG 131 mit 500 Schuss. Im C-Stand war ebenfalls ein MG 131 (1000 Schuss) montiert und auch der A-Stand im Bug konnte mit dieser Waffe nachgerüstet werden. Zudem war es möglich, durch den Einbau von verschiedenen Rüstsätzen, wie einem Zwillings-MG 81 Z im Heck, die Schussbewaffnung weiter zu verstärken. Die maximale Bombenlast der E-2 betrug stattliche 4000 kg, wobei 2500 kg im Rumpf Platz fanden und der Rest an Außenträgern montiert werden musste. Für den Kampfeinsatz gegen Seeziele befand sich eine Notausrüstung samt Schlauchboot für die vierköpfige Besatzung an Bord. Außerdem war hierfür die Mitnahme von drei Lufttorpedos möglich – einer im Rumpf und einer an jeder Fläche. Derartig ausgerüstete Maschinen entstanden aus umgebauten E-1.

Da die Sturzflugbremsen weiterhin nicht zufriedenstellend eingesetzt werden konnten, sah man nunmehr im RLM von der Sturzflugfähigkeit der Do 217 ab.

E-4 und Lenkbombenträger E-5

Durch jeweils 1600 PS leistende BMW 801 C unterschied sich die Variante E-4 von ihren Vorgängern. Außerdem verstärkte man die Defensiv-Bewaffnung und rüstete den Typ mit in den Flügelvorderkanten integrierten sogenannten »Kutonasen« aus, die zum Kappen von Sperrballonkabeln dienten.

Aus umgerüsteten E-4-Maschinen entstand die Version Do 217 E-5. Diese konnte unter jedem Flügel eine lenkbare Gleitbombe Henschel Hs 293 oder Fallbombe PC 1400 X (FX 1400), auch bekannt als »Fritz X«, tragen, mit der man leicht bis mittelschwer gepanzerte Schiffe angriff.

Do 217 K und M

Noch im Sommer 1942 kamen die ersten Maschinen der Do 217 K-1 heraus. Auffälligste Neuerung war der völlig neu gestaltete Kabinenaufbau, wodurch sich die Sichtverhältnisse insbesondere für den Flugzeugführer enorm verbesserten.

Do 217 E-2, W.Nr. 1136. Wie am verlängerten Heck zu erkennen, ist das Flugzeug mit Sturzflugbremse ausgestattet BMW AG Konzernarchiv

Wartung der BMW 801-Motoren einer Do 217. Die Aggregate waren als sogenannte Schnelltrenn-Triebwerke mit allen benötigten Komponenten für den raschen Wechsel ausgelegt BMW AG Konzernarchiv

UNTEN **Für den Nachteinsatz optimiert: Do 217 E, W.Nr. 4305, U5+LU, des KG 2**

LINKS Do 217 K, KE+JD, mit Zwillings-MG 81 Z in der vorderen Kanzelverglasung und MG 81 in den Seitenfenstern

BMW AG Konzernarchiv

RECHTS OBEN B-Stand: Do 217 E-Drehturm mit 13-mm-MG 131

RECHTS UNTEN Gleitbombe Hs 293 mit Walter-Raketentriebwerk an einer Do 217 E-5

LINKS UNTEN Reichhaltig ausgestattet: der Führerraum einer Do 217 E

Neue Außenflügel erhöhten die Spannweite der folgenden K-2 und -3 auf 24,50 Meter. Angetrieben wurden die Maschinen der K-Reihe zumeist durch zwei je 1730 PS starke BMW 801 G-Motoren, als Zieleinrichtung für die weiterhin bis zu 4000 kg schwere Bombenladung dienten verschiedene Ausführungen des Lotfe 7.

Um die schwierige Lieferlage des BMW 801, bei dessen Produktion die Fw 190-Jäger Vorrang hatten, zu umgehen, bestückte man die M-Varianten der Do 217 mit dem unausgereiften DB 603. Als Tragwerk wurde meist die 19-Meter-Fläche eingebaut. Varianten wie der Torpedo-Bomber M-2, die Sturzflug-Variante M-3 oder der Lenkbomben-Träger M-11 (etwa 40 Stück) wurden entworfen und wenige Stück gebaut. Auch die aus der M-3 abgeleitete Do 217 R kam (außer ein paar V-Mustern) nicht auf die Beine.

Nachtjäger Do 217 J und N

Schon mit der Do 17 und 215 hatte man begonnen, auch die Einsatztauglichkeit als Nachtjäger in die Tat umzusetzen. Unter der Bezeichnung Do 217 J entstand auf Basis der E-2 ein Nachtjäger, der mit vier MG 15 (je 700 Schuss) und vier 20-mm-MG-FF mit je 200 Schuss im umgebauten Bug sowie den beiden MG 131 im B- beziehungsweise C-Stand, schwer bewaffnet war. Als Funkmessgerät diente ein FuG 202 Lichtenstein BC, das jedoch die Höchstgeschwindigkeit um etwa 30 km/h reduzierte. Die Bomber-Einrichtung blieb zunächst erhalten, wurde aber schon bei der J-2 mit verbessertem FuG

Do 217 K-2 mit überarbeiteter Kanzel und auf 24,5 Meter verlängerter Spannweite

Mechaniker, auch „Schwarze Männer" genannt, bei der Wartung des rechten BMW 801 einer Do 217 E

Höhen-Kampfflugzeug und Fernaufklärer Do 217 PV1 mit zwei DB 603-Antriebsmotoren und einem im Rumpf installierten DB 605-Laderaggregat

Musterflugzeug des Do 217 J-Nachtjägers mit vier MG 17, vier MG 151/20 und FuG 202 im Bug

BMW AG Konzernarchiv

212 werksseitig ausgebaut. Interne Zusatztanks konnten die Reichweite erheblich steigern.

Die Do 217 N-1 unterschied sich von der J-2 überwiegend durch den Einbau von DB 603-Motoren mit Vierblattpropellern. Einen weiteren Schritt hin zur reinen Nachtjagd-Maschine ging man mit der N-2 durch das Entfernen des Abwehrstandes auf dem Rumpfrücken. Stattdessen konnten etwa in Rumpfmitte vier MG 151/20 installiert werden, die im Winkel von 70 Grad nach vorne oben feuerten und auch als »Schräge Musik« bezeichnet wurden. Die Unterseite des Rumpfes erfuhr durch den Ausbau des C-Standes und der Beseitigung des Übergangs eine aerodynamische Verfeinerung. Als Rüstsatz konnte ein Bremsschirm am Heck montiert werden. Bei allen Nachtjagd-Versionen bestand die Besatzung aus drei Mann.

Höhen-Kampfflugzeuge Do 217 H und P

Resultierend aus früheren Entwicklungsarbeiten sowie den Erfahrungen mit den drei Versuchsflugzeugen Do 217 HV1 bis V3 setzte man bei Dornier mit der P-Version die Arbeiten an einem Kampfflugzeug und Fernaufklärer für große Höhen praktisch fort. Am 4. Juni 1942 hob die Do 217 PV1 zum Jungfernflug ab. Anfangs mit der E-Fläche ausgestattet, bekam die Maschine schon bald die 24,50-Meter-Flächen, die eine deutlich bessere Höhenleistung boten. Die dreiköpfige Besatzung fand in einer Druckkabine Platz. Direkt dahinter war ein Reihenbildgerät Rb 20/30 eingebaut, etwas hinter der Rumpfmitte zwei weitere Kameras der Ausführung Rb 75/30.

Motorisiert war die Do 217 P mit einer sogenannten HZ-Anlage, bestehend aus zwei DB 603 T als Vortriebsmotoren sowie einem im Rumpf unterhalb der Tragflächen installierten DB 605 T als Laderaggregat mit Zweistufen-Spezziallader und Zwischenkühler. Derart ausgerüstet erreichte die Do 217 P, von der nur noch wenige Exemplare gefertigt wurden, Höhen von bis zu 16000 Meter.

Versuchsplattform

Schon auf einer Do 17 Z hatte man für Erprobungsflüge ein Staustrahlrohr von 50 cm Durchmesser montiert. Fortgesetzt wurde diese Testreihe mit einer speziell präparierten Do 217 E-2, die 1- und 1,5-Meter-Staustrahlrohre mit einer Schubleistung von bis zu 20000 kp trug. Wegen deren Hitzeabstrahlung wurde der hintere Rumpfteil oben doppelt beplankt, mit einem fünf mm dicken, Kühlluft durchzogenen Zwischenraum.

Ebenfalls auf einer Do 217 wurde der Höhenaufklärer DVS 228 erprobt. Ausgerüstet mit BMW 801 TJ-Höhenmotoren brachte die Do 217 K-03 die DVS 228 auf 12000 Meter um dann im Gleitflug erprobt zu werden. In Paarung mit der Do 217 hätte die DFS 228 mit Raketenantrieb rechnerisch bis zu 24000 Meter

Versuchsplattform: Do 217 E mit 1-Meter-Staustrahlrohr

Technische Daten/Bauzahlen – Do 217				
Dornier Do	217 E-2	217 M-1	217 N-2	217 P-0
Einsatzzweck	Kampfflugzeug	Kampfflugzeug	Nachtjäger	Höhenkampfflugzeug
Besatzung	4	4	3	3
Antrieb	2 x 14-Zylinder-Sternmotor BMW 801 ML, luftgekühlt	2 x V-12-Zylinder-Reihenmotor DB 603 A-1, flüssigkeitsgekühlt		2 x V-12-Zylinder-Reihenmotor DB 603 T, (1 x DB 605 T)
Startleistung	2 x 1580 PS – ges. 3160 PS	2 x 1750 PS – ges. 3500 PS		
Kampfleistung	2 x 1380 PS – ges. 2760 PS in 4000 m	2 x 1540 PS in 5700 m	2 x 1540 PS in 5700 m	ges. 3240 PS in 5700 m
Spannweite	19,00 m	19,00 m	19,00 m	24,50 m
Länge	18,20 m (mit Sturzflugbremse)	17,10 m	18,90 m	17,94 m
Höhe	5,00 m	5,00 m	5,00 m	5,00 m
Flügelfläche	57 m^2	57 m^2	57 m^2	67 m^2
Leergewicht	8900 kg	9065 kg	–	10 200 kg
Rüstgewicht	10 535 kg	10 950 kg	10 267 kg	11 110 kg
Startgewicht	15 000 kg 16 465 kg (Überlast)	– 16 700 kg (Überlast)	13 210 kg –	17 210 kg –
Flächenbelastung max.	289 kg/m2	–	232 kg/m2	257 kg/m2
Marschgeschwindigkeit max.	415 km/h in 5200 m (beladen)	400 km/h	465 km/h in 5400 m	570 km/h in 6000 m (beladen)
Höchstgeschwindigkeit	440 km/h in Meereshöhe 515 km/h in 5200 m	475 km/h in Meereshöhe –	430 km/h in Meereshöhe 515 km/h in 9500 m	500 km/h in Meereshöhe 610 km/h in 6000 m
Steigleistung	–	3,3 min auf 1000 m	9 min auf 4000 m	27 min auf 10000 m
Anfangssteigleistung	220 m/min (beladen)	210 m/min (beladen)	290 m/min	290 m/min
Reichweite	2300 km 2800 km (mit Zusatzbehälter)	2475 km –	2050 km –	2800 km –
Dienstgipfelhöhe	7500 m (beladen) 9000 m	7350 m (beladen) 9500 m	8900 m	15 500 m (bei 13 900 kg) 16 150 m (bei 13 250 kg)
MG-Bewaffnung	1 x MG 151/20 – 20 mm 2 x MG 131 – 13 mm 3 – 5 x MG 15 – 7,92 mm Rüstsätze möglich	3 x MG 81 – 7,92 mm 2 x MG 81 Z – 7,92 mm 2 x MG 131 – 13 mm Rüstsätze möglich	4 x MG 17 – 7,92 mm 4 x MG-FF/20 – 20 mm 4 x MG 151/20 als Schräg-Bewaffnung	3 x MG 81 Z – 7,92 mm
Abwurflast max.	4000 kg Bomben Rüstsätze möglich	4000 kg Bomben 2 Lenkbomben möglich	–	1000 kg Bomben

erklimmen und ungehindert aufklären können.

Do 217 im Fronteinsatz

Erst 1941 gelangte die Do 217 in nennenswerter Stückzahl zur Truppe. Mit bis zu 4000 kg Abwurflast galt sie als schwerer Bomber. Wenn möglich wurden die Einsätze in den Schutz der Dunkelheit verlegt, doch lauerte auch hier Gefahr durch immer effektiver arbeitende Nachtjäger. Vom gewöhnlichen Horizontalbomber reichte das Einsatzspektrum bis zum Torpedobomber und Lenkwaffenträger gegen Seeziele. Eher aus der Not heraus wurde die Do 217 als Nachtjäger eingesetzt (wenngleich in weitaus geringerem Umfang als die hauptsächlich verwendeten Muster Messerschmitt Bf 110 sowie Junkers Ju 88) und hier auch nicht ihre große Stärke offenbarte. Zwar stimmte die Ausrüstung und besonders die Bewaffnung war ausgezeichnet. Die später verwendete »Schräge Musik« zeigte nicht selten verheerende Wirkung an den Unterseiten der feindlichen Bomber, doch waren die Do 217 J und N schwerfällig und nicht einfach zu fliegen. Für gegnerische Nachtjäger stellten sie eine eher leichte Beute dar. 1944 fanden sich nur noch wenige Do 217 in den Reihen der Nachtjagdverbände.Bis Kriegsende blieb die Do 217 dagegen als Fernaufklärer im Einsatz, wo sie sich insgesamt gut bewährte.

Die Do 217 fliegerisch

Nur wenige Besatzungen flogen das Muster gerne. Während erfahrene Flugzeugführer relativ problemlos mit der behäbigen Do 217 zurechtkamen, gelangten weniger geübte Piloten mit ihr schnell an ihre Grenzen. Schon die Ausbildung auf der Do 217 nahm im Durchschnitt etwa 30 Prozent mehr Flugstunden in Anspruch als auf vergleichbaren Mustern; die Unfallrate war entsprechend hoch. Durch die hohe Flächenbelastung ließ sich die Do 217 nur mit dem nötigen Gefühl und Wissen handhaben und war besonders im Langsamflug nicht einfach zu steuern. Von November 1940 bis Mai 1944 wurden insgesamt 1925 Exemplare aller Do 217-Varianten gebaut, erhalten geblieben ist kein einziges. ◀

Messerschmitt Me 262	
Version	**Gesamt**
Versuchsmuster	4
A-0	9
C-0	9
E-1	94
E-2	169
E-4	527
J	130
K-1	220
M-1	438
N-1/N-2	325
H aus Umbau	(3)
P aus Umbau	(6)?
R aus Umbau	(4)
Gesamt	**1925**

Do 217 M mit DB 603-Motoren der 9./KG 2 (U5+ET) mit Nachtsichtschutzanstrich

Do 217 E-3, Wnr.1144, TC+KR mit Bombenträger unter den Flächen

Kompakte Erscheinung: Do 217 E-4, die Spannweite des Bombers, der mit über 16 Tonnen Startgewicht abheben konnte, betrug nur 19 Meter

Do 217 E-5, Werknummer 5552, der II./KG 100 (6N+HP) mit Gleitbomben Hs 293

See-Mehrzweckflugzeug – robuster Alleskönner

Heinkel He 115

Wenngleich schon zu Kriegsbeginn veraltet, konnte Heinkels He 115 doch mit vielseitiger Einsatzfähigkeit und großer Robustheit nebst fliegerischen Qualitäten aufwarten

Für das Mehrzweck-Seeflugzeug He 59, eine veraltete große Doppeldecker-Konstruktion, suchte das Reichsluftfahrtministerium (RLM) Anfang 1935 ein Nachfolgemuster, das als Fernaufklärer, Bomber, Torpedobomber, Minenleger und Vernebler eingesetzt werden sollte. Neben Heinkel erhielt auch die Firma Hamburger Flugzeugbau GmbH (später Blohm & Voss) mit ihrem Entwurf Ha 140 den Auftrag zur Entwicklung eines derartigen Typs. Nach einigen Änderungen am Heinkel-Entwurf He 115 fand im Februar 1936 die Schlussattrappen-Besichtigung mit RLM-Mitarbeitern statt, nachdem im November der Auftrag für den Bau von drei Versuchsflugzeugen erteilt worden war. Im April 1936 konnte mit den Konstruktionsarbeiten an der He 115 begonnen werden. Den V-Mustern sollten Vorserien-Flugzeuge folgen, deren Zahl im Herbst 1936 auf elf beziffert wurde. Im Vorfeld war geplant, zwei V-Maschinen (V1 und V2) mit V-Reihenmotoren Junkers Jumo 210 (später BMW 116) und zwei weitere mit Sternmotoren BMW 132 auszurüsten.

Nach weiteren Planungs- und Konstruktionsänderungen hob das erste Versuchsflugzeug He 115 V1, W.Nr. 1553 mit der Kennung D-AEHF, im August 1937 zum Jungfernflug ab. Am Steuer des neuen Seeflugzeugs saß Heinkel-Chefpilot Gerhard Nitschke, der die weitere Erprobung der He 115 nach ein paar Flügen an Werkspilot Friedrich Ritz übergab. Die Flugeigenschaften der Zweimot waren zunächst keineswegs

Eine He 115 B-2 während des Einfliegens. Das Schwimmer-Flugzeug war auf dem Wasser gut zu handhaben und bei den Piloten beliebt

überzeugend, und zahlreiche Änderungen, insbesondere in der Ruderanlage, waren notwendig, um aus der He 115 ein brauchbares, ja sogar gutes Flugzeug zu formen. Im November 1937 hob auch die V2 (D-APDS) ab. Mit der He 115 V3 kam eine neue, wesentlich aerodynamischer gestaltete Bugkanzel zum Einbau. Die V4 erhielt zudem anstelle der Spanndrähte weitere Streben zur Abstützung der Schwimmer. In dieser Ausführung entstanden auch die anschließenden elf A-0-Vorserienflugzeuge.

Ausschreibungsgewinner und Rekordbrecher

Im Februar 1938 stellten sich in der Lübecker Bucht die beiden Kontrahenten He 115 und Ha 140 dem praktischen Vergleich, den die Heinkel-Konstruktion nach dem Schwimmerbruch an der Ha 140 für sich entschied.

Um verschiedene Rekorde zu brechen, baute man die He 115 V1 um. Sie

Die He 115 V1 mit der ersten Bugkanzel-Ausführung

erhielt einen völlig neuen Bug ohne Kanzel sowie einen drastisch verkürzten Kabinenaufbau. Am 20. März 1938 flog Friedrich Ritz mit der optimierten He 115 V1 die Strecke Laboe – Swinemünde – Leba in sieben Stunden und 15 Minuten zweimal ab und stellte dabei acht neue Rekorde auf.

Ein weiterer Rekordflug war ein Jahr später mit der Überquerung des Atlantiks nach Brasilien geplant – ein 10000-Kilometer-Flug. Um das mit zusätzlichem Treibstoff überladene Flugzeug überhaupt aus dem Wasser zu bekommen, war eine Windmaschine vonnöten, die vor der V1 über das Wasser fegte. Ein Ölrohrbruch am linken Motor zwang die erfahrene dreiköpfige Lufthansa-Besatzung jedoch nach 6700 Kilometern zur Notwasserung. Rio de Janeiro erreichten die Flieger per Dampfschiff.

Bewährte Konstruktion

Der Rumpf der He 115 hatte einen ovalen Querschnitt und war in moderner Ganzmetall-Schalenbauweise gefertigt. Für den Antrieb der He 115 sorgten ab der Vorserienversion A-0 zwei BMW-132-K-Sternmotoren mit einer Startleistung von jeweils 960 PS. Im Einsatz wurde die He 115 mit einer dreiköpfigen Besatzung geflogen, bestehend aus Flugzeugführer, Beobachter beziehungsweise Bombenschütze und Funker.

Auch das Auffinden und Aufnehmen abgeschossener Flieger gehörte zu den Aufgaben der He 115 – die Aufnahme entstand bei einer Übung

He 115 bei der Erprobungsstelle See Travemünde. Im unteren Teil des Bugs der vorderen Maschine ist das im Außenbereich verkleidete Bombenzielgerät Lotfe 7 zu sehen

KLEIN OBEN UND MITTE **Die He 115 V1 in Rekordausführung mit hölzernem Bug, verkleinertem Kabinenaufbau sowie zahlreichen weiteren Detailänderungen**

LINKS **He 115 C mit 20-mm-MG 151/20 im Bug**

Vorne im A-Stand kam ein beweglich in einer Kuppellafette GD-A 1114 gelagertes Maschinengewehr MG 15, Kaliber 7,92 Millimeter, mit 525 Schuss zum Einbau. Bedient wurde die Waffe im Liegen vom Beobachter, wie auch das Bombenzielgerät Lotfernrohr 7. Am anderen Ende der Kabine sorgte der Funker im B-Stand mit einem MG 15 für die Abwehr nach hinten. An Munition standen dafür 1500 Schuss zur Verfügung.

Im Lastenraum konnten drei 250-Kilogramm-Bomben eingehängt werden. Zudem ließen sich an Trägern unter den Flächen (Rüstsatz R1) zwei 250-Kilogramm- Bomben mitführen.

Die zweiholmigen Tragflächen bestanden aus dem Mittelstück und den mit langen Querrudern versehenen Außenflächen. Die zweiteilig ausgeführten Lande- klappen verliefen nicht bis zum Rumpf. So blieb auf der Fläche ein begehbarer Bereich frei. Der Kraftstoff war in vier Behältern links und rechts der Motorgondeln in den Tragflächen untergebracht.

Während die Seitenflosse ohne Stützstreben auskam, erhielten die Höhenleitwerksflossen zum Rumpf hin Verstrebungen. Seiten-, Höhen- und Querruder hatten verstellbare Hilfsruder. Die aus Metall gefertigten Schwimmkörper mit einem Volumen von je 8100 Liter waren über zunächst lediglich jeweils zwei verkleidete Streben mit den Flügeln verbunden. Spanndrähte sorgten für zusätzliche Stabilität. In der Serie kamen jedoch weitere Streben hinzu. Die Ausführung A-2 war für den Export bestimmt. Ab der Version A-3 ließ sich im

Weltrekordflüge mit Heinkel He 115

Last	Nutzlast über Entfernung	Geschwindigkeit
0 kg	1000 km	330,615 km/h
500 kg	1000 km	330,615 km/h
1000 kg	1000 km	330,615 km/h
2000 kg	1000 km	330,615 km/h
0 kg	2000 km	328,467 km/h
500 kg	2000 km	328,467 km/h
1000 kg	2000 km	328,467 km/h
2000 kg	2000 km	328,467 km/h

Der A-Stand einer schwedischen He 115 T2 mit dem liegenden Beobachter und Bombenschützen samt M22-Maschinengewehr

Lastenraum ein abwerfbarer 50-Liter-Kraftstoffbehälter mitführen.

Ende 1939 wurde die A- von der B-Serie abgelöst, die mit verstärkter Zelle und größerer Tankkapazität gebaut und für die Aufnahme eines 900 Kilogramm schweren Lufttorpedos im Lastenraum gerüstet war. Zur Sichtverbesserung beim Torpedowurf ließ sich der Flugzeugführersitz um eineinhalb Meter absenken. Außerdem konnte man die He 115 B mittels Rüstsatz R3 mit Luftminen LMA III (500 Kilogramm) und LMB III (920 Kilogramm) bestücken. Als Bomber wurde die B-1 mit einer SC 500 oder SD 500 beladen. Ausgerüstet mit einer SV-300-Anlage war auch der Einsatz als Vernebler möglich.

Das maximale Abfluggewicht stieg auf annähernd elf Tonnen. Als Fernaufklärer mit Reihenbildgeräten bewältigte die He 115 ohne Bomberausrüstung Distanzen von mehr als 3000 Kilometern.

Sämtliche Ruder des überarbeiteten Seiten- und Höhenleitwerks waren ab der B-Serie mit Ausgleichsgewichten versehen. Die He 115 B-2 erhielt mit Eiskufen versehene Schwimmer, die auch den Einsatz von zugefrorenen Seen aus ermöglichten. Die He 115 C bekam ein zusätzlich fest im Bug installiertes 20-Millimeter-MG 151/20 mit 200 Schuss

He 115 B der 1./Kü.Fl.Gr. 106. Seitlich vor der Bugkanzel trägt sie jedoch das Emblem der 1./Kü.Fl.Gr. 206

Technische Daten – Heinkel He 115

He 115	B-2
Einsatzzweck	See-Mehrzweckflugzeug
Besatzung	3
Antrieb	BMW 132 K 9-Zylinder-Sternmotor, luftgekühlt
Untersetzung	1:0,72
Startleistung	2 x 960 PS bei 2250 U/min
Nennleistung	2 x 830 PS bei 2250 U/min in 850 m
Volldruckhöhe	800 m
Spezifischer Kraftstoffverbrauch	220 g/PS h
Luftschraubendurchmesser	3,30 m
Spannweite	22,28 m
Länge	17,30 m
Höhe	6,60 m
Flügelfläche	87,70 m²
Flügelstreckung	5,65
Flächenbelastung	122,4 kg/m²
Rüstgewicht	6910 kg
Abfluggewicht	10605 kg
Höchstgeschwindigkeit	295 km/h in Meereshöhe 305 km/h in 1000 m 295 km/h in 2000 m
Marschgeschwindigkeit	275 km/h in Meereshöhe 285 km/h in 1000 m 295 km/h in 2000 m
Landegeschwindigkeit	100 km/h
Landestrecke	580 m über 15 m Hindernis
Startstrecke	400 m 580 m über 15 m Hindernis
Steigleistung ca.	1000 m in 4,9 min 2000 m in 10,9 min 3000 m in 20,8 min
Reichweite	2600 km bei Marschleistung 2800 km bei Sparleistung
Dienstgipfelhöhe	5600 m
Bewaffnung	1 x MG 15 (7,92 mm) im A-Stand mit 525 Schuss 1 x MG 15 (7,92 mm) im B-Stand mit 1500 Schuss
	zusätzliche Starrbewaffnung möglich 1000 kg Abwurflast

OBEN He 115 A-2 der norwegischen Marineflieger 1940. Die Maschine flog später für die RAF

LINKS OBEN Eine He 115 C mit verbesserter Lotfe-Verkleidung

LINKS UNTEN Norwegische He 115, die nach Großbritannien flüchtete und für die RAF flog

Gebaute He 115	
Versuch	3
A	13
B	122
C	67
Export	18
Gesamt	**223**

Munition. Zudem war der Einbau von zwei nach hinten feuernden 7,92-Millimeter-MG 17 in den Motorgondeln auf der Flügeloberseite möglich. Die Zusatzbewaffnung ließ sich auch in den Vorgängervarianten nachrüsten. Unter dem Rumpf konnten zwei Torpedos LF-5 W eingehängt werden. Das Lotfe unter der Bugkanzel wurde strömungsgünstiger verkleidet und der B-Stand ab der Version C-3 mit verstärkter Panzerung ausgestattet, während die C-2 Eisschwimmer hatte. Bei der C-4 handelte es sich um einen speziell für nördliche Gefilde optimierten Torpedobomber.

Das MG 15 in den Abwehrständen wurde später teilweise durch ein Zwillings-MG 81 Z ersetzt. Der von Heinkel durchgeführte Einbau eines 1600 PS starken BMW 801 wurde nicht weiter verfolgt, es blieb bei dem einen etwa 380 km/h schnellen Exemplar, das als D-0 im Einsatz geflogen wurde.

Die He 115 im Ausland

Schweden hatte noch vor Kriegsausbruch 18 He 115 der Exportvariante A-2 geordert, von denen noch zwölf ausgeliefert wurden. In Schweden hieß die Maschine T2 und wurde mit M22-Maschinengewehren ausgerüstet, da Heinkel die Flugzeuge nur unbewaffnet exportieren durfte.

In fremden Diensten

Norwegen erhielt sechs von zwölf bestellten He 115 A-2, die mit britischen Browning-MG bestückt wurden. Außerdem fielen den Norwegern 1940 zwei deutsche He 115 B-1 in die Hände. Eine davon eroberten deutsche Truppen später zurück. Mit drei norwegischen und einer deutschen He 115 flohen Norweger nach Großbritannien, wo die umgebauten Maschinen mit britischen Kennungen und Kokarden und – wie auch im Fall der BV 185 – mit deutschen Hoheitszeichen für Sondereinsätze genutzt wurden.

Zwölf Maschinen gingen an Schweden, dort als He 115 T2 bezeichnet

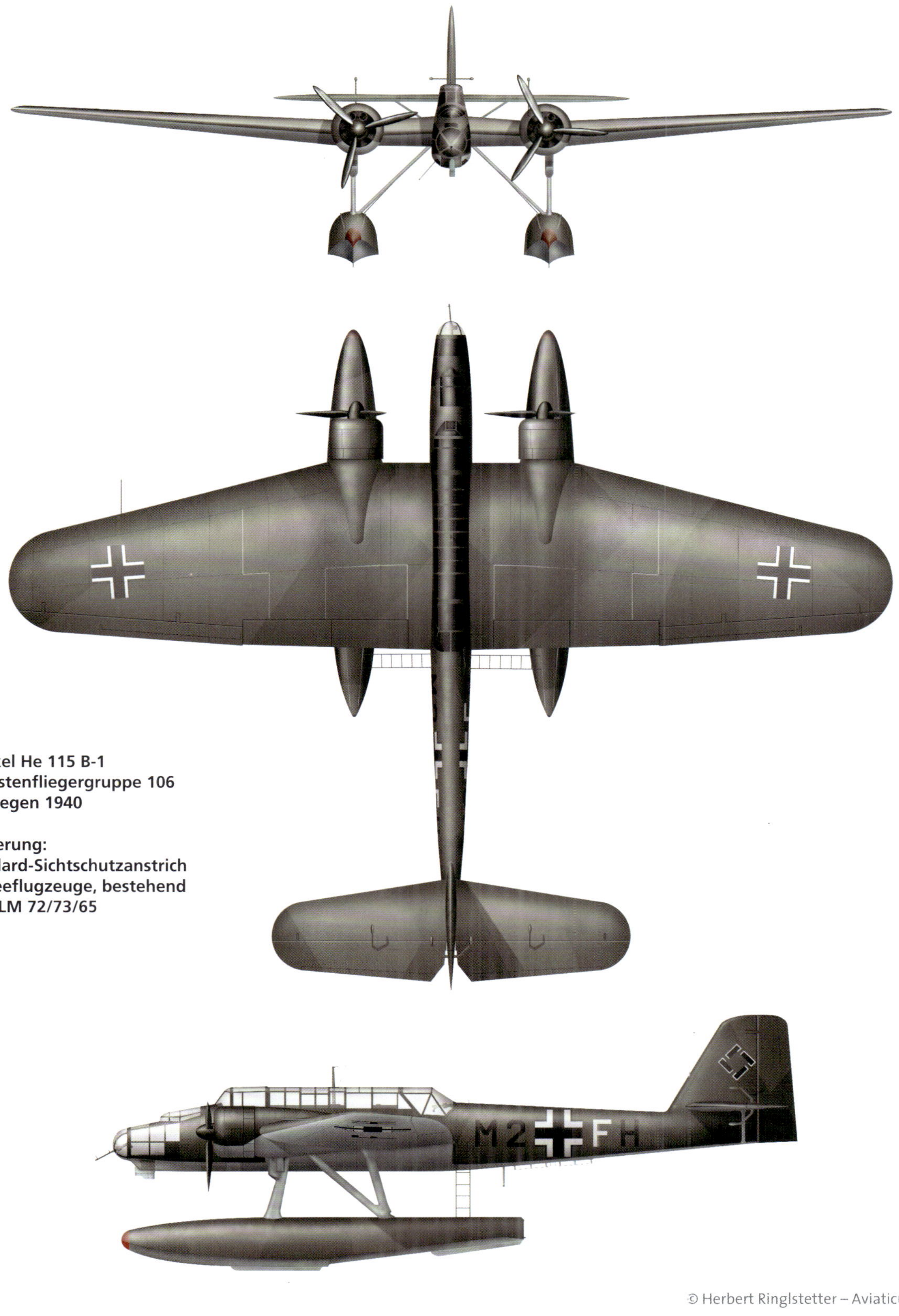

Heinkel He 115 B-1
1./Küstenfliegergruppe 106
Norwegen 1940

Lackierung:
Standard-Sichtschutzanstrich für Seeflugzeuge, bestehend aus RLM 72/73/65

© Herbert Ringlstetter – Aviaticus.com

Eine He 115 B wird mit einem Übungstorpedo beladen

He 115 standen bei den Küstenflieger-Gruppen 106, 406, 506, 706 und 906 im Einsatz. Unter anderem waren He 115 an der Invasion Norwegens und an Angriffen auf alliierte Versorgungs-Geleitzüge mit wechselhaftem Erfolg beteiligt. Zudem wurden He 115 in Schuleinheiten und für zahlreiche Spezialaufgaben genutzt.

Insgesamt bewährte sich die relativ langsame, aber robuste und gut zu fliegende He 115 recht ordentlich, wenngleich sie arge Mühe hatte, gegen feindliche Jäger zu bestehen. Während des Spanischen Bürgerkrieges flogen 1939 zwei He 115 A bei der Aufklärungsstaffel 88 der Legion Condor. Man unterzog sie dort unter der Leitung der E-Stelle Travemünde einer Korrosionsprüfung. Wie sich herausstellte, waren die Schäden durch Korrosion nach nur wenigen Monaten ganz erheblich.

223 Exemplare wurden von der He 115 von Anfang 1939 bis Sommer 1940 bei Heinkel in Rostock-Marienehe und Weser Flugzeugbau in Einswarden gebaut. Erhalten geblieben ist keines der Schwimmerflugzeuge. ◀

He 115 C-1 der 3./Kü.Fl.Gr. 106. Die Maschine wurde für Nachteinsätze (Minen legen) teilweise mit abwaschbarer Rußfarbe versehen

Eine He 115 der Kü.Fl.Gr. 906 wird aus Spritfässern betankt. Die Unterseiten und Balkenkreuze des Flugzeugs wurden geschwärzt, das Lotfernrohr ausgebaut

Eine der beiden He 115 A der Aufklärungsstaffel 88 der Legion Condor, die 1939 in Spanien einer Korrosionsprüfung unterzogen wurden. Lackiert war sie wahrscheinlich in RLM 02, die Schwimmer trugen einen silberfarbenen Schutzanstrich

He 115 B-1 der 1./Küstenfliegergruppe 406 in Norwegen. Die Maschine trägt einen provisorischen Wintertarnanstrich über der Standardlackierung aus RLM 72/73/65

He 115 B-1 der 1./Kü.Fl.Gr. 406. Vorne am Rumpf ist das Emblem der 1. Staffel aufgemalt, an der Seitenleitwerksflosse sind die Einsatzerfolge verbucht

Flugzeugführer
und Beobachter/
Bombenschütze
in einer
Junkers Ju 88 A

Ju 88 A-4 der 7. (9K+FR hinten) und 8. Staffel (9K+DS) des KG 51 über dem Kaukasus

Fotos, soweit nicht anders angegeben: Sammlung Ringlstetter

Das Arbeitspferd der Luftwaffe – Teil 1

Junkers Ju 88

Ursprünglich als unbewaffneter Schnellbomber geplant, geriet die Ju 88 schon bald zum mittelschweren Horizontal- und Sturzbomber. Und mit 15000 gebauten Exemplaren letztlich auch zu einem der meistgebauten Flugzeuge des Zweiten Weltkriegs

Im November 1935 erhielten die Flugzeugbaufirmen Dornier, Henschel, Messerschmitt, Heinkel und Junkers vom Reichsluftfahrtministerium (RLM) die Ausschreibungsunterlagen für einen zweimotorigen Schnellbomber. Neben dem schweren strategischen viermotorigen Langstreckenbomber, der sich mit den Mustern Do 19 und Ju 89 in der Entwicklung befand, griffen die Luftwaffenplaner ergänzend das Konzept des schnellen leichten Bombers auf. Das dreisitzige Flugzeug sollte möglichst geringe Abmessungen aufweisen und bei einer Reichweite von 2000 km eine militärische Nutzlast von 500 kg mitführen können. Zudem verlangte das RLM eine Dauerhöchstgeschwindigkeit, die zumindest annähernd an die von derzeit in der Entwicklung befindlichen Jagdflugzeugen heranreichen sollte – etwa 450 km/h. Als Steigleistungsvorgabe waren 25 Minuten für das Erreichen von 7000 Meter Höhe ausgeschrieben. An eine Abwehrbewaffnung war zunächst nicht gedacht, der Schnellbomber sollte durch überlegene Geschwindigkeit dem Angreifer entkommen.

Vorarbeit bei Junkers

Bei den Junkers Flugzeug und Motorenwerken (JFM) hatte man sich schon im Vorfeld mit einem 500 km/h schnellen, schlanken zweimotorigen Kampfflugzeug in Ganzmetallbauweise befasst und entsprechende Entwürfe zu Papier gebracht, die sehr bald eingereicht werden konnten. Zwar gab es Differenzen hinsichtlich Bombenzuladung und Grö-

Die Ju 88 V1 mit DB 600-Motoren flog erstmals am 21. Dezember 1936

Die 520 km/h schnelle Ju 88 V3 wurde von Jumo 211 angetrieben

Rekordflugzeug Ju 88 V5, D-ATYU

ße des EF 59 genannten Entwurfs, doch konnte nach Attrappenbau und positiver Besichtigung durch RLM-Beauftragte mit den Konstruktionsarbeiten zur künftigen Ju 88 begonnen werden. Die Frage, ob ein Endscheibenleitwerk, das für einen wahrscheinlich Ju 85 genannten Entwurf geplant war, oder einfaches Seitenleitwerk die bessere Wahl wäre, entschied sich zugunsten der Einzelausführung noch im Attrappenstadium.

Unter der Federführung von Ernst Zindel, dem Konstruktionsdirektor bei Junkers, wurde daraufhin Anfang 1936 mit der konstruktiven Umsetzung des genannten Entwurfs begonnen. Zur Verstärkung des überlasteten Konstruktionsbüros wurden die vormals bei Fairchild in den USA beschäftigten Ingenieure Alfred Gassner (Österreicher) und Heinrich Evers (US-Amerikaner) eingestellt, die in der älteren Literatur immer wieder als Haupt-Konstrukteure der Ju 88 genannt werden. Tatsächlich waren die beiden als Typenleiter und Betreuer für die termingerechte Durchführung der Detailkonstruktion der Ju 88 beschäftigt.

Ab 1939 wurde die Ju 88 in Serie hergestellt, schon 1940 verließen über 2200 Exemplare die Werkhallen, mehr als 1800 davon als Bomber

Erstflug

Schon am 21. Dezember 1936 konnte Flugkapitän Karl-Heinz Kindermann das erste Versuchsflugzeug, Ju 88 V1 (W.Nr. 4941), von der Bahn ziehen, angetrieben von zwei Daimler-Benz DB 600-Reihenmotoren mit je 1000 PS Startleistung. Die Flugeigenschaften waren insgesamt befriedigend, wenngleich noch etliche Änderungen notwendig waren. Am 10. April 1937 startete das zweite Versuchflugzeug (W.Nr. 4942, D-ASAZ) zum Jungfernflug. Wie die V1, war auch die V2 unbewaffnet und mit DB 600 motorisiert.

Vier Mann fanden in einer Ju 88 A, in diesem Fall einer A-5, Platz. Im hinteren Teil des Besatzungsraums sitzt hinter dem Piloten der Funker, daneben auf einem Klappsitz der Bordschütze, der während des Fluges im C-Stand lag

Die Ju 88 V3 (W.Nr. 4943, D-AREN) stieg erstmals am 13. September 1937 auf und war endlich mit hauseigenen Junkers Jumo 211 A-V-12-Reihenmotoren mit Zweiganglader und je 1000 PS Startleistung ausgerüstet.

1937 kam es insbesondere durch den Chef des Technischen Amtes, Ernst Udet, zur Anforderungsverlagerung. Verlangt wurden nun wesentlich höhere Abwurflast, Sturzflugfähigkeit, ein viertes Besatzungsmitglied, Sichtkuppel mit planen Scheiben sowie Maschinengewehre zur Abwehr. Die bisher für den Horizontalbombenwurf konzipierte Ju 88 musste noch einmal überarbeitet und vielfach verstärkt werden, was natürlich auf Kosten von Gewicht und Geschwindigkeit ging. In einem ersten Schritt wurde die neue Linie mit dem vierten Versuchsflugzeug, V4 (D-ASYI, W.Nr. 4944), praktisch umgesetzt.

Auf Rekordflug

Mit der über 500 km/h schnellen V3 sollte am 25. Februar 1938 der Geschwindigkeits-Weltrekord mit 2000 kg Nutzlast über eine Strecke von 1000 km erflogen werden. Nach Ausfall eines Motors endete die Landung durch unglückliche Umstände mit dem Brand der V3. Die Besatzung Ernst Limberger und Carlfriedrich Schonnefeld kam dabei ums Leben.

Einsatzbesprechung an einer Ju 88 A-1 der 7. Staffel des KG 51 1940

Start einer Gruppenkommandeurs-Maschine des KG 51 »Edelweiß«, einer Ju 88 A-5

Mit der am 13. April 1938 zum Erstflug gestarteten V5 (W.Nr. 4945) ging man erneut auf Rekordjagd. Die V5 war ähnlich der V3 ausgelegt und aerodynamisch überarbeitet. Als Antrieb dienten zwei Jumo 211 B mit Einspritzanlage und je 1220 PS Startleistung. Am 19. März 1939 erflogen Ingenieurpilot Ernst Seibert und Diplom-Ingenieur Kurt Heintz mit 2000 kg Nutzlast über 1000 km eine Durchschnittsgeschwindigkeit von beachtlichen 517 km/h und am 30. Juni 1939 über 2000 km 501 km/h. Beide Flüge wurden von der FAI als Weltrekorde anerkannt.

Die Arbeiten am regulären Ju 88-Einsatzmuster waren inzwischen vorangeschritten, die an den Konkurrenzentwicklungen Messerschmitt Bf 162 (abgeleitet von der Bf 110) und Henschel Hs 127, beide kleiner und schneller als die Ju 88, wurden zugunsten der Junkers-Konstruktion eingestellt. Im September 1938 lief die Produktion der Vorserienversion Ju 88 A-0 an, als Mustermaschine diente das sechste Versuchsflugzeug, die Ju 88 V6 (D-ASCY, W.Nr. 4946). Die Großserienproduktion begann Mitte 1939 mit der A-1. Da die Ju 88 mit überlegenen Leistungen aufwarten konnte, plante man, die Dornier Do 17, Heinkel He 111 und Ju 86 nach und nach durch Ju 88 zu ersetzen und sie zum Standardkampfflugzeug der Luftwaffe zu machen. 8300 Maschinen sollten bis März 1943 gebaut werden. Eine Zahl, die realistischerweise schon bald nach unten hin korrigiert werden musste.

Konstruktion und Ausstattung

Der Rumpf des neuen Kampfflugzeuges war in Ganzmetall-Schalenbauweise mit verglaster Bugkanzel und dahinter aufgesetzter, verglaster Besatzungsraum-Abdeckung ausgeführt. Unterhalb des Vorderrumpfes vergrößerte eine nach rechts versetzte Liegewanne den Kabinenbereich. Die freitragenden zweiholmigen Flächen mit Warmluftenteisung wiesen über drei Fünftel ihrer Länge Landeklappen und daran anschließende Querruder auf. Im Bereich des Vorderholmes der äußeren Flächen waren die gitterartigen Sturzflugbremsen montiert.

Zwei Junkers Jumo 211-Motoren mit jeweils 1175 PS Startleistung übertrugen ihre Kraft auf Dreiblatt-Verstellluftschrauben der Ju 88 A-1. Ringkühler für Öl- und Kühlflüssigkeit sorgten für vertretbare Temperaturen. Der Kraftstoff schwappte in vier selbstdichtenden Flächentanks mit zusammen 1680 Liter. Zusätzlich konnte anstatt der Bombenmagazine in die beiden Bombenräume ein 1220 l- be- ziehungsweise 680 l-Behälter eingebaut werden. Außerdem verhalfen unter den Innenflächen montierbare ab-

Frankreich 1940: Wartungsarbeiten an einer Ju 88 A-1 der 6./KG 54 mit der Kennung B3+CP. Das C und die Spitze der Propellerhaube sind gelb. Die Sturzflugbremse unter dem rechten Flügel ist ausgefahren

Für den Notausstieg konnte der hinter Teil der Kanzelverglasung abgeworfen werden

Der verbesserte B-Stand mit Panzerschutz und mehr Kopffreiheit einer Ju 88 A-4

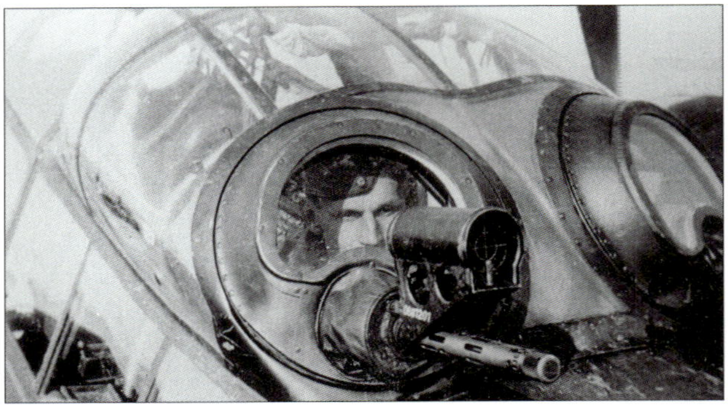

Die Visiereinrichtung des MG 81 ist hier mit einem Blendschutz ausgestattet

werfbare Zusatztanks unterschiedlicher Größe zu mehr Reichweite.

Das Hauptfahrwerk wurde hydraulisch um 90 Grad gedreht nach hinten vollständig in die Motorgondeln eingezogen. Das Spornrad ließ sich komplett verkleidet in den Rumpf einziehen.

Als Abwehrbewaffnung bekam die erste Serienversion A-1 lediglich drei Rheinmetall-Maschinengewehre MG 15, Kaliber 7,92 mm. Eines, bedient vom Beobachter und Bombenschützen, befand sich im Führerraum, montiert in der rechten Frontscheibe (A-Stand). Es konnte in eingerastetem Zustand auch vom Piloten betätigt werden. Der Munitionsvorrat belief sich auf 375 Schuss. Ein zweites MG 15 im rückwärtigen Kabinenraum (B-Stand) mit 600 Schuss wurde vom Funker bedient und deckte den Angriffsraum nach hinten oben ab. Das dritte MG 15 (450 Schuss), nach hinten unten gerichtet, war in der Bodenwanne montiert und wurde vom Fliegerschützen in liegender Position bedient. Bei Start und Landung saß der Schütze hinter dem Beobachter auf einem Klappsitz. Bestiegen wurde die Ju 88 über eine Klappe im C-Stand.

An Abwurflast waren in zwei Bombenräumen maximal 1400 kg (18 x und 10 x 50-kg-Bombe) und extern an ETC-Trägern unter den Innenflächen bis zu 2000 kg möglich. Insgesamt konnten maximal 2400 kg an Bomben und Luftminen unterschiedlicher Größe mitgenommen werden. Für den Bombenwurf im Sturzflug diente dem Flugzeugführer ein hinter der Windschutzscheibe angebrachtes Visier. Für den horizontalen Bombenwurf benutzte der Bombenschütze ein Lotfernrohr 7 (Lotfe 7) als Zieleinrichtung.

Kleinserien A-2 und A-3

In sehr geringer Stückzahl wurde die Version A-2 mit vier MG 15 und Zusatz-

Ju 88 A-6 des KG 54 mit Kabelabweiser. Die Maschine ist für Nachteinsätze teilweise mit abwaschbarer Rußfarbe gestrichen

Ju 88 A-5 mit zwei MG 15 im rückwärtigen Abwehrstand und einem weiteren in der rechten Frontscheibe. Das MG in der Bugkanzel ist momentan nicht installiert. Dem Emblem nach gehörte die Maschine zum KG 30

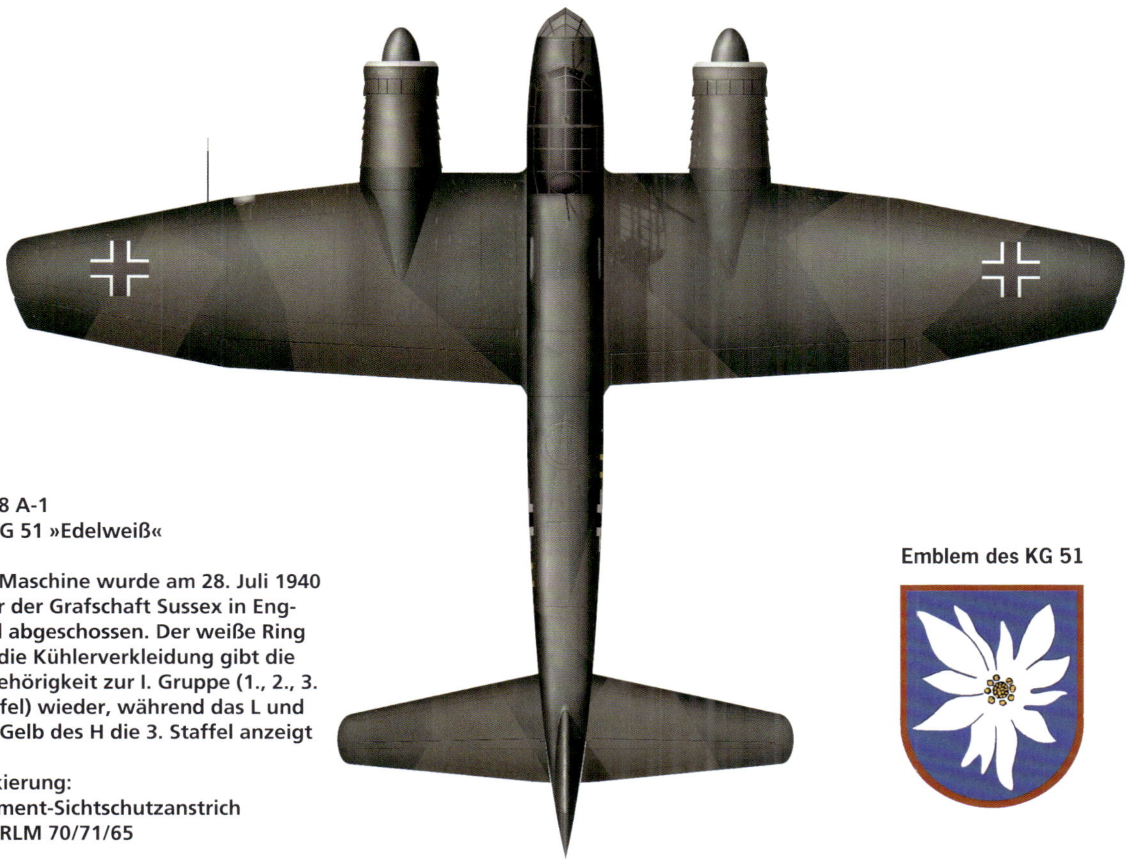

Ju 88 A-1
3./KG 51 »Edelweiß«

Die Maschine wurde am 28. Juli 1940 über der Grafschaft Sussex in England abgeschossen. Der weiße Ring um die Kühlerverkleidung gibt die Zugehörigkeit zur I. Gruppe (1., 2., 3. Staffel) wieder, während das L und das Gelb des H die 3. Staffel anzeigt

Lackierung:
Segment-Sichtschutzanstrich aus RLM 70/71/65

Emblem des KG 51

© Herbert Ringlstetter – Aviaticus.com

Ju 88 A-5 der 5. Staffel/Lehrgeschwader 1 während der Operation Marita, der Invasion Jugoslawiens und Griechenlands, im Frühjahr 1941 mit gelben Markierungen, wie sie am Balkanfeldzug teilnehmende Flugzeuge erhielten. Die Maschine war kurz zuvor noch auf Malta eingesetzt und trug daher noch das weiße Rumpfband für den Mittelmeer-Kriegsschauplatz. Das G befand sich auch links und rechts an der Bodenwanne

ausrüstung zur Starthilfe gebaut und entsprach ansonsten der A-1.

Zur Flugzeugführerausbildung diente die Ju 88 A-3 mit Doppelsteuer sowie zusätzlicher Instrumentierung und Ausrüstung.

A-5 mit vergrößerter Spannweite

Um die Zuladung erhöhen zu können, wurde für das geplante Nachfolgemodell A-4 die Spannweite auf 20,08 Meter erhöht. Einige Flugzeuge erhielten wohl 19,95 Meter spannende Flächen.

Da der leistungsstärkere Jumo 211 J noch nicht verfügbar war, kam vor der A-4 zunächst die Serienausführung A-5 in die Fertigung. Als Defensivbewaffnung erhielt die A-5 serienmäßig fünf MG, wobei der B-Stand durch ein zweites MG 15 verstärkt und auch die Bugkanzel mit einem Maschinengewehr bestückt wurde. Schon die A-1-Maschinen waren bei der Truppe teilweise mit zusätzlichen MG in den hinteren Seitenfenstern ausgerüstet worden.

Meistgebaute Serie A-4

Ab Sommer 1940 ging mit der von Grund auf überarbeiteten und fertigungstechnisch optimierten Ju 88 A-4 die meistgebaute 88-Variante in Produktion. Als Antrieb diente überwiegend der Jumo 211 J mit 1420 PS Startleistung. Außerdem ersetzte man die MG 15 durch MG 81 von Mauser desselben Kalibers.

Der hintere Bereich der Kanzel wurde durch zwei nach außen gehende Wölbungen erheblich erweitert, was für mehr Bewegungsspielraum, insbesondere Kopffreiheit sorgte. Panzerplatten brachten mehr Schutz für die Besatzung. In der Bugverglasung konnte zusätzlich ein schweres 13-mm-MG 131 installiert werden.

Die mögliche Abwurflast stieg auf 3400 kg, das Abfluggewicht bei Überlast lag bei 14 Tonnen. An den Außenflügeln neben den Motorgondeln angebrachte abwerfbare Startraketen dienten zur Startwegverkürzung. Spätere A-4-Ausführungen erhielten ein Zwillings-Maschinengewehr MG 81 Z im C-Stand. Ältere Maschinen ließen sich entsprechend nachrüsten.

Ju 88 A-6

Auf Basis der A-5 entstand die Variante A-6 mit an Flächen und Rumpf befestigtem 400 kg schweren Sperrballonkabel-Abweiser. Zum Ausgleich musste im Heck ein 80-kg-Gewicht untergebracht werden. Die Konstruktion schluckte 30 km/h und bewährte sich auch nicht.

Einsatz 1939 bis 1941/42

Am Feldzug gegen Polen waren keine Ju 88 beteiligt. Ab Ende September 1939 flogen Ju 88-Bomber mit wechselndem Erfolg gegen britische Schiffsziele in der Nordsee. Gegen Frankreich war die Zahl von Ju 88 in den Einheiten schon beträchtlich gestiegen. In nennenswerter Zahl griffen Ju 88 erstmals im Mai/Juni 1940 über Dünkirchen ein. Gegen das

Kampfgebiet Mittelmeerraum: Eine frühe Ju 88 A des LG 1 rollt mit Bomben bestückt zum Start Foto Matthiesen

Mit vier 250 kg-Bomben an ETC 500 bestückte Ju 88 A-4 an der Ostfront kurz vor dem Einsatz

Britische Königreich, in der so genannten Battle of Britain, der Luftschlacht um England, im Sommer 1940, waren auch Ju 88 in großer Zahl beteiligt. Dabei zeigte sich gegen die verbissen kämpfenden britischen Jagdflieger in ihren Hurricane und Spitfire in erschreckender Weise die völlig unzureichende Abwehrbewaffnung des Junkers-Bombers, was rasch zum Einbau von zusätzlichen Maschinengewehren führte. Mitte September 1940 war gut ein Drittel der Kampfverbände mit Ju 88 A ausgerüstet, was etwa 530 Maschinen ausmachte. Noch war die Heinkel He 111 in geringfügig größerer Zahl vertreten. Mit Do 17 Z waren dagegen nicht einmal halb so viele Besatzungen ausgerüstet.

Im November 1940 begannen Ju 88-Einheiten der Luftwaffe Einsätze gegen britische Stützpunkt-Einrichtungen auf Malta und Nordafrika sowie Schiffe im Mittelmeer zu fliegen. Im Frühjahr 1941 wurden Ju 88 bei der Einnahme von Jugoslawien und Griechenland herangezogen und anschließend auch im Kampf gegen die Sowjetunion eingesetzt, wo die deutschen Bomber zunächst nicht in dem Maße von Jägern bedrängt wurden, wie dies an der Westfront der Fall war.

Sturzangriff

Zum Angriff im Sturzflug diente die Sturzflugautomatik, die dem Piloten einiges an Arbeit abnahm. Nach Auswahl eines Zieles lief der Angriff mit einer Ju 88 im Sturzwinkel von etwa 50 Grad folgendermaßen ab:

1. Aus 6000 Meter Marschflughöhe auf 4000 Meter gehen.
2. Sturzflughebel einschalten, dadurch automatisch
   - Sturzflugbremse fährt aus.
   - Flugzeug wird kopflastig getrimmt.
   - Sicherheitseinstellung gegen zu scharfes Abfangen wird eingestellt.
   - Luftschraube zum größten Bremsen auf höchste Drehzahl gestellt.
3. Abfangen durch Nachdrücken von Hand
4. Hupe ertönt, Pilot drückt auf Bombenknopf, dadurch automatisch
   - Trimmklappe wird auf Abfangen gestellt und gibt elektrisch Kontakt für Ablauf des RAB (Reihenabwurfgerät für Bomben)
   - Maschine fängt selbsttätig ab.
   - RAB läuft ab und löst Bomben mit eingestelltem Zeitabstand aus
   - Luftschraube wird auf normale Drehzahl gestellt
5. Sturzflughebel zurücklegen, dadurch automatisch
   - Sturzflugbremse einfahren
   - Sicherheitssteuerung ausschalten ◀

Technische Daten – Ju 88

Junkers Ju 88	A-1	A-5	A-4
Einsatzzweck	Sturzflugfähiges mittleres Kampfflugzeug		
Besatzung	4	4	4
Antrieb	2 x V-12-Zylinder-Reihenmotor, flüssigkeitsgekühlt Jumo 211 B-1 (auch G)	Jumo 211 G-1 (auch B)	Jumo 211 J
Startleistung	2 x 1175 PS – ges. 2350 PS	2 x 1200 PS – ges. 2400 PS	2 x 1420 PS – ges. 2840 PS
Kampfleistung	2 x 910 PS in 5500 m	2 x 910 PS	–
Dauerleistung	2 x 740 PS in 6000 m	–	–
Spannweite	18,25 m	20,08 m (teilw. 19,95 m)	20,08 m
Länge	14,36 m	14,45 m	14,45 m
Höhe	5,07 m (bis Antennenmast) 4,85 m (bis Luftschraube)	5,07 m 4,85 m	5,07 m 4,85 m
Flügelfläche	52,50 m²	54,70 m²	54,70 m²
Rüstgewicht	7250 kg	8050 kg	8620 kg
Startgewicht	10 360 kg	bis zu 12 980 kg	12 000 – 14 000 kg
Flächenbelastung max.	–	–	240 kg/m²
Marschgeschwindigkeit			
beladen	335 km/h	335 km/h	–
unbeladen	405 km/h	405 km/h	–
Höchstgeschwindigkeit			
beladen	–	–	400 km/h in 5300 m
unbeladen	450 km/h in 5500 m	475 km/h	450 km/h in 5300 m
Steigleistung	– –	– –	14 min auf 3000 m 31 min auf 5000 m
Anfangssteigleistung	–	–	220 m/min beladen auf 3000 m
Landegeschwindigkeit	140 km/h	140 km/h	140 km/h
Startrollstrecke	–	1150 m	850 m
Landerollstrecke	–	–	800 m
Reichweite max.	1500 km	–	2040 km
einschl. Rumpftanks	2030 km	2950 km	3150 km
Dienstgipfelhöhe	9350 m (o. Bomben)	8500 m	8500 m
Abwehrbewaffnung Kaliber	3 – 5 x MG 15 7,92 mm	5 x MG 15 7,92 mm	5 x MG 81 7,92 mm zus. 1 x MG 131/20 13 mm möglich
Abwurflast max.	1400 kg Bomben intern 2000 kg Bomben extern ges. 2400 kg Bomben	2500 kg Bomben	3600 kg Bomben

Noch einmal gutgegangen: Auf nur einem Rad landete diese Ju 88 A-4 (V4+AD) vom Stab der III./KG 1 Hindenburg

Ju 88 A-1, W.Nr. 0119, des KG 30 mit Markierungen der 2./Erg.Gr. 4, der sie zuvor angehörte. Nach der Notlandung (wahrscheinlich Kraftstoffmangel) auf einem zugefrorenen See in Norwegen versank das Flugzeug im Eis. Fotos, aufgenommen nach der Notlandung, zeigen deutlich, dass die Maschine noch kein X am Rumpf trägt. Dieses wurde also wahrscheinlich erst kurz vor dem Versinken, nachdem man das Leitwerk und die Instrumente demontiert hatte, aufgemalt – eine Markierung deren Grund zu Spekulationen anregt. 2005 wurde der recht gut erhaltene Bomber geborgen und bald darauf mit der Restaurierung begonnen

Ju 88 A-1 der 8./KG 4 während der »Luftschlacht um England« 1940. Lackierung: RLM 70/71/65. Die Propellerhauben sind als Kennzeichen für die III. Gruppe teilweise in gelb gehalten und tragen zudem rote Ringe für die 8. Staffel

Ju 88 A-5 der III./KG 30, die 1941 auf Sizilien stationiert war und bei den Kämpfen um Malta teilnahm. Das weiße Rumpfband weist auf den Mittelmeer-Einsatzraum hin

Eine Ju 88 A-14 mit nach vorne feuerndem MG FF und rückwärtigem MG 81 in der Rumpfwanne

Vom Sturzkampfbomber zum Mistel-Gespann – Teil 2

Junkers Ju 88

Kein anderes Flugzeug des Zweiten Weltkriegs wurde derart vielseitig eingesetzt wie die Ju 88. So war die wandelbare Zweimot auf praktisch allen Kriegsschauplätzen zu finden. Bis zum Kriegsende blieb sie eines der Haupteinsatz-Flugzeuge der Luftwaffe

Die Produktion der Ju 88 A lief von 1940 bis 1944 auf Hochtouren. Für die Luftwaffe stellte die Ju 88 ein enorm wichtiges Einsatzmuster dar, das sich effektiv an die jeweils herrschenden Bedingungen und Erfordernisse anpassen ließ und nahezu jeder Aufgabenstellung gewachsen war. Durch die Auslegung als Sturzbomber war es mit der Ju 88 möglich, mit relativ geringem Aufwand auch Punktziele zu treffen. Gegenüber früheren Angriffsverfahren (etwa bei der Ju 87) mit sehr steilen Sturzwinkeln von bis zu 90 Grad, änderte man bei

Maschinen mit Jumo 211 J wiesen Verkleidungen der Ladeluftkühler auf der Unterseite der Motorgondeln auf

Eine Ju 88 A-4/trop der 5. Staffel (II. Gruppe) des LG 1 in Wüstentarnanstrich

Ju 88 D-1 der 2.(F)/Aufklärungsgruppe 22 an der Ostfront. Im Hintergrund ein Verbindungsflugzeug Fieseler Fi 156 Storch

Schadensbegutachtung an einer Ju 88 A-4 der I./KG 77. Die mit Jumo 211 J ausgerüsteten Versionen drehten Luftschrauben aus Holz. Die Unterseiten sind für Nachteinsätze teilweise geschwärzt

Zur Erdkampfunterstützung und Schiffsbekämpfung mit einem 20-mm-MG FF ausgerüstete A-14 der II./KG 77. Über dem Gruppen-Emblem der Schriftzug: »Ich will, dass sie vorfechten« (so Karl der Große einst an die Schwaben)

der Ju 88 die Angriffstechnik, indem nur noch in einem Winkel von 50 bis 60 Grad bei einer Geschwindigkeit von maximal 560 km/h und ausgefahrenen Sturzflugbremsen angeflogen wurde. Die Bomben wurden erst beim Abfangen ausgelöst. Des flacheren Winkels wegen nannte man diese Anflugart auch Gleitanflug. Die Vorteile gegenüber dem steilen Anflug waren: Schnelleres Absetzen nach dem Angriff in stabilerer Fluglage sowie weitaus weniger Höhenverlust. Auch die Belastung für die Besatzung war geringer. Zudem konnte der Anflug leichter korrigiert als auch die interne Bombenladung im Sturzangriff abgeworfen werden. Freilich blieb die angreifende Maschine auch länger dem Abwehrfeuer ausgesetzt.

Einsatz an allen Fronten

Ob im Mittelmeerraum, an der gesamten Ostfront oder im hohen Norwegen, überall war die Ju 88 in unterschiedlichsten Ausführungen im Einsatz. Bei den Kämpfen um Malta und die Nachschubwege nach Nordafrika flogen Ju 88 in Tag- und Nachteinsätzen und spielten eine entscheidende Rolle. Von Norwegen aus attackierten Ju 88 alliierte Geleitzüge im Eismeer, wobei im Juli 1942 durch deutsche Kampfflugzeuge und U-Boote die Versenkung von 24 der 33 Schiffe des Geleitzuges PQ 17 gelang. Für die alliierten Schiffe bedeuteten die Ju 88 eine permanente Bedrohung. Doch auch die Ju 88-Einheiten hatte herbe Verluste hinzunehmen. Häufig griffen Ju 88 auch zur Unterstützung von Bodentruppen ein. Eisenbahnlinien, Brücken und Nachschubwege gehörten ebenso zu den Zielen der Ju 88-Besatzungen.

Die Entwicklung geht weiter

Für den Kriegsschauplatz um das Mittelmeer erhielten die Maschinen eine 190 kg schwere Zusatzausrüstung, bestehend unter anderem aus Wassertanks, Sonnen- und Mückenschutz. Gekennzeich-

Einsatzbilanz: Versenkter Schiffsraum am Seitenleitwerk einer Ju 88 A

Wie auch zu dieser Ju 88 A des KG 77, gehörte für Flüge über Wasser ein Schlauchboot samt Zubehör zur Ausrüstung. Untergebracht war es in einem Schacht in der Oberseite des hinteren Rumpfdrittels

net wurden diese Flugzeuge mit dem Kürzel »/trop«. Werksseitig mit Tropenausrüstung gelieferte Maschinen trugen die Bezeichnung A-9 (aus A-1), A-10 (aus A-5) und A-11 (aus A-4).

Mit der A-8 wurde auf Basis der A-4 noch einmal eine Variante mit sperrigem Ballonabweiser gebaut. Die Maschinen wurden später rückgerüstet.

Als speziell für den Tiefangriff ausgelegte Variante kam die Ju 88 A-14 zum Einsatz. Das Zielgerät für den Bombenabwurf im Horizontalflug machte einem fest installierten 20-mm-MG FF Platz. Zudem verfügte der Typ über eine so genannte Kutonase zum Durchschneiden der gefährlichen an Sperrballonen hängenden Stahlkabel, die auch zum Schutz von Schiffen Verwendung fanden.

Die Ju 88 A-15 war mit einer hölzernen Bodenwanne zur Beförderung von Lasten von bis zu 3300 kg versehen. Bei der A-16 handelte es sich, wie bei der vorangegangenen A-3 und A-7, um eine Schulversion mit Doppelsteuer.

Torpedobomber

Um Schiffe auch mit Torpedos bekämpfen zu können, rüstete man 1941 einige Ju 88 A-4 entsprechend um. An Trägern unter den Innen- oder Außenflächen ließen sich dann zwei je 750 kg schwere Lufttorpedos LT F-5 b einhängen. Auch die Kombination von einem Torpedo sowie 600-l-Zusatztank war möglich. Mit zwei weiteren Treibstoffbehältern im Bombenschacht kam eine Reichweite von bis zu 3300 km zustande. Die für den Angriff mit Torpedos unnötigen Sturzflugbremsen entfielen. Schon werksseitig als Torpedobomber kam die Version A-17 zu den Einheiten, wo sie schrittweise die Heinkel He 111 ersetzte. Im praktischen Einsatz konnten die ab Anfang 1942 an die Truppe überstellten

Ju 88 A-4 auf Feindflug im Mittelmeerraum

Die »schwarzen Männer« des Bodenpersonals beim Beladen des Bombenschachtes, dessen tödliche Last auch im Sturzangriff ins Ziel gebracht werden konnte

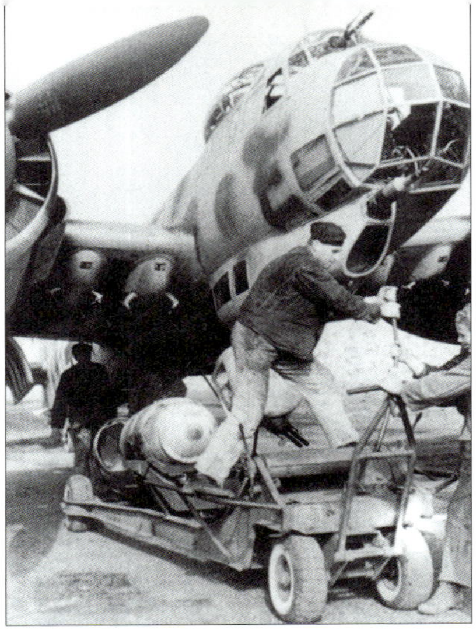

Hubwagen mit Bomben für die ETC-Träger. An der offenen Klappe des C-Standes ist das Zwillings-MG 81 Z der Ju 88 A-14 des LG 1 zu sehen

An speziell gerüsteten Ju 88 A konnten zwei Torpedos unter den Innen- oder Außenflächen getragen werden. Die ersten Maschinen kamen Anfang 1942 zur Truppe

Mistel-Gespann M 2 aus Fw 190 F-8 und Ju 88 G, die für den Schulbetrieb bemannt war. Die Ju 88-Kabine konnte gegen einen 3600-kg-Gefechtskopf getauscht werden

Torpedo-Flugzeuge aber auch weiterhin mit Bomben gestückt werden. Manche Varianten waren mit Kutonase ausgestattet, die Abwehrbewaffnung war teilweise verringert, etliche Maschinen flogen auch mit MG FF im Bug.

Ju 88 B

Mit der Version B erhielt die 88 einen komplett neuen Kabinenaufbau in Form einer stufenlosen Vollsichtkanzel. Es wurden lediglich ein paar B-0-Vorserienmaschinen gebaut, Schließlich mündete die B-Version in die neue Ju 188-Serie mit BMW-801-Sternmotoren.

Aufklärer-Version D

Ein weiteres Einsatzgebiet für die Ju 88 ergab sich ab 1940/41 in der Verwendung als Aufklärer, wofür man Rumpftanks und Reihenbildgeräte installierte. Zwei abwerfbare, je 1300 Liter fassende Treibstoffbehälter vergrößerten die mögliche Reichweite des als Ju 88 D bezeichneten Fernerkunders auf bis zu 5000 km. Die Maschinen waren aus Ju 88 A-5 (D-2) und A-4 (D-1) abgeleitet und hatten keine Sturzflugbremsen. Die Bezeichnung D-3 (aus D-1) und D-4 (aus D-2) erhielten mit Tropenausrüstung versehene Aufklärer. Die D-5 entsprach wiederum der Ju 88 D-1 mit Jumo 211 J, dieser drehte jedoch VDM-Metallluftschrauben.

Der Seefernaufklärer Ju 88 A-6/U wurde mit dem Schiffsortungsgerät FuG 200 Hohentwiel ausgestattet und kam ohne Bodenwanne aus. Als Abwehrbewaffnung dienten drei MG 81.

Schwieriger Einmotorenflug

Grundsätzlich war die 88 ein gut zu steuerndes und für seine Größe ausgesprochen wendiges Flugzeug. Als problematisch erwies sich jedoch der Einmotorenflug. Bei einem Fluggewicht von mehr als 10 500 kg war dieser nicht möglich. Wog die Maschine zuviel, musste die Besatzung schleunigst Ballast über Bord werfen: Ein Schnellablassventil half die Rumpftanks möglichst rasch zu entleeren, die Bomben fielen im Notwurf. Auch konnten die Maschinengewehre sowie Teile der Panzerung abgeworfen werden. Mit einer Geschwindigkeit von etwa 240 km/h war die Ju 88 mit nur einem Motor zu halten. Um die Fahrt zu erhöhen, ließen sich auch die Bombenträger absprengen. Die Propellerblätter des ausgefallenen Triebwerks standen obligatorisch auf Segelstellung, während die Kühlerklappen eingeklappt waren, um den Luftwiderstand zu reduzieren. Besonders in geringer Höhe beim Eindrehen zur Landung sollte im Einmotorenflug nach Möglichkeit nur über den

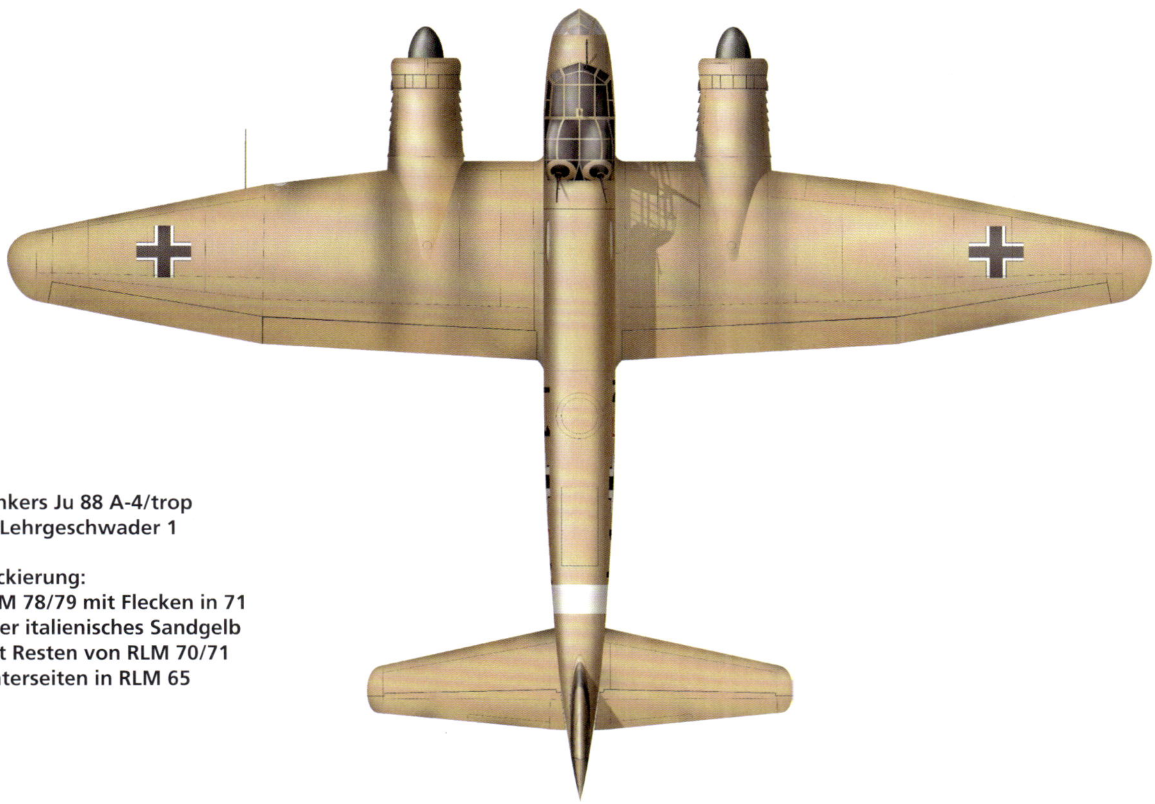

Junkers Ju 88 A-4/trop
5./Lehrgeschwader 1

Lackierung:
RLM 78/79 mit Flecken in 71
oder italienisches Sandgelb
mit Resten von RLM 70/71
Unterseiten in RLM 65

© Herbert Ringlstetter – Aviaticus.com

Technische Daten – Ju 88

Junkers Ju 88	**D-1**
Einsatzzweck	Fernaufklärer
Besatzung	4
Antrieb	2 x Jumo 211 J V-12-Zylinder-Reihenmotor, flüssigkeitsgekühlt
Startleistung	2 x 1420 PS – ges. 2840 PS
Spannweite	20,08 m
Länge	14,45 m
Höhe	4,06 m (schräg st. bis Kabinenoberk.)
Flügelfläche	54,70 m²
Rüstgewicht	8480 kg
Startgewicht	11 490 kg
Flächenbelastung max.	210 kg/m²
Marschgeschw.	425 km/h
Höchstgeschw.	475 km/h in 5300 m
Landegeschw.	140 km/h
Startrollstrecke	850 m
Landerollstrecke	800 m
Normale Reichweite max.	3250 km (bis zu 5000 km möglich)
Dienstgipfelhöhe	8500 m
Abwehrbewaffnung Kaliber	2 – 3 x MG 81 7,92 mm zus. 1 x MG 131/20 13 mm mögl.
Ausrüstung	Mehrere Reihenbildgeräte

Zweimotoriger fliegender Gefechtskopf : Mistel M 1 mit Bf 109 F auf einer Ju 88 A

Mit Funkmesstechnik war der Seefernaufklärer Ju 88 A-6/U ausgestattet – ein FuG 200 Hohentwiel half der Besatzung beim Aufspüren von Feindschiffen

laufenden Motor gekurvt werden. Mit den stärkeren Jumo 211 J verringerte sich diese Unart der Ju 88 etwas, die Problematik an sich blieb aber bestehen.

Mistel-Schlepp

Versuche mit der über Streben verbundenen Huckepack-Konstruktion, bestehend aus einer als Leitflugzeug fungierenden Messerschmitt Bf 109 E und einem Lastensegler DFS 230, verliefen erfolgreich, und so ging man unter Leitung von Fritz Haber einen Schritt weiter und kombinierte eine Bf 109 F mit einer Ju 88 A. Bei diesem »Beethoven-Gerät« oder »Vater und Sohn« genannten Gespann diente die unten angeordnete unbemannte Ju 88 als Sprengstoffträger, der vom Bf 109-Piloten in Zielnähe gebracht wurde und nach dem Ablösen per Autopilot selbstständig ins Ziel steuern sollte. Dabei nahm ein 3600 kg schwerer Gefechtskopf eine Ladung von gut 1000 kg Sprengstoff auf. Neben Bf 109-Jägern kamen Focke-Wulf Fw 190 A als Leitflugzeuge zum Einsatz, als Sprengstoffträger verschiedene Ju 88-Versionen, die besonders gegen Ende des Krieges in ausreichender Stückzahl vorhanden waren. Wegen des hohen Startgewichts von über 16 Tonnen war der Start nur auf Betonbahnen möglich. Für den Schulbetrieb nutzte man bemannte Ju 88.

In der Nacht vom 24. auf den 25. Juni 1944 fand der erste Einsatz mit Mistel-Gespannen statt. Zwölf Mistel M 1 der 2. Staffel des KG 101 griffen alliierte Schiffe in der Seine-Bucht an. Unbestätigten Angaben zufolge konnten bis zu sechs Treffer erzielt werden. Groß angelegte Einsätze gegen die britische Home Fleet in Scapa Flow im Dezember 1944 mit 60 Maschinen und die Operation »Eisenhammer« mit 100 Mistel-Flugzeugen gegen sowjetische Rüstungsziele im Frühjahr 1945 konnten wegen schlechten Wetters beziehungsweise der sich verschlechternden Kriegslage nicht mehr durchgeführt werden. Wohl aber vereinzelte Kampfeinsätze mit den auffälligen Kombinationen, die jedoch meist nicht den erhofften Erfolg brachten. Alliierte Tiefflieger trugen ebenfalls dazu bei, den Mistel-Bestand zu dezimieren.

Beachtliche Stückzahl

Mit gut 15 000 Exemplaren der unterschiedlichsten Ausführungen gehört die Ju 88 zu den meistgebauten Flugzeugen des Zweiten Weltkriegs. Der größte Teil davon verließ als Bomber die Werkhallen. Außer bei den Junkers Flugzeug- und Motorenwerken (JFM) wurde die Ju 88 in Lizenzfertigung bei Arado, Allgemeine Transportgesellschaft (ATG), Dornier, Heinkel, Henschel und Siebel gebaut. Kleinere Teile wurden auch bei Opel und Volkswagen produziert. ◀

Ju 88 (D-1?) der Aufklärungsgruppe 33, eingesetzt 1943 im Mittelmeerraum und stationiert in Südfrankreich

Ju 88 A-4 der 1./KG 1 »Hindenburg« mit provisorischem Winter-Tarnanstrich an der Ostfront. Das Flugzeug musste am 12. Januar 1943 nach einem Luftkampf notgelandet werden

Ju 88 A-4 einer ungarischen Bombergruppe an der Ostfront im Frühjahr 1943

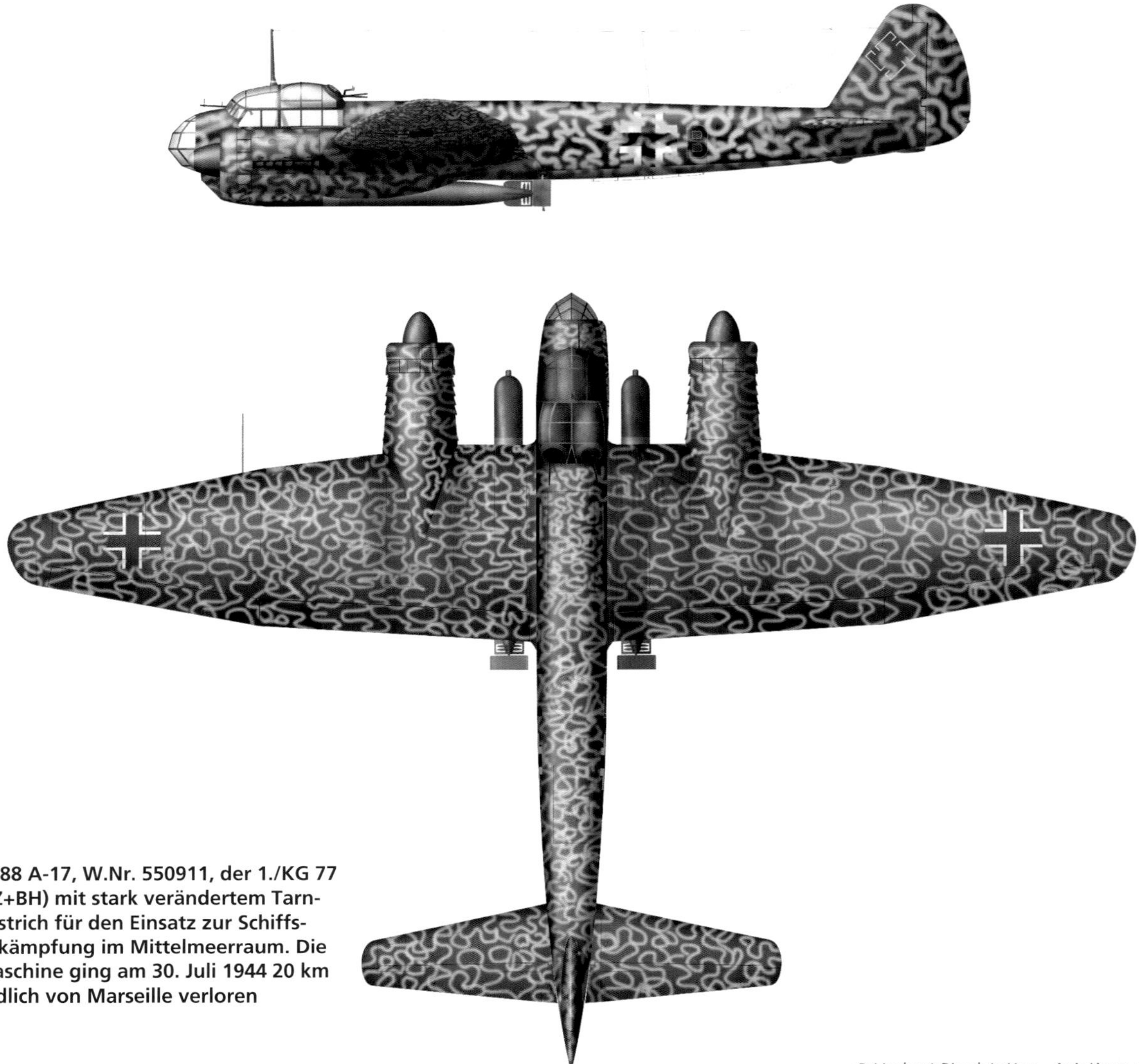

Ju 88 A-17, W.Nr. 550911, der 1./KG 77 (3Z+BH) mit stark verändertem Tarnanstrich für den Einsatz zur Schiffsbekämpfung im Mittelmeerraum. Die Maschine ging am 30. Juli 1944 20 km südlich von Marseille verloren

© Herbert Ringlstetter – Aviaticus.com

Auf Sizilien unter freiem Himmel möglich: Instandsetzungsarbeiten an Ju 88 A des KG 77

Foto: Matthiesen

Die Baureihe C, hier als Nachtjäger, verfügte über einen geschlossenen Rumpfbug mit starker Bewaffnung

Schnellbomber, Zerstörer und Nachtjäger – Teil 3

Junkers Ju 88

Schon sehr früh zeigte sich, dass die Ju 88 auch zum schweren Zerstörer und Nachtjäger eignete. Aber auch als Schnellbomber hatte die „88" noch nicht ausgedient

Die ursprüngliche Konzeption der Ju 88 als Schnellbomber legte den Grundstein dafür, die technisch fortschrittliche Zweimot auch als schweren Zerstörer einzusetzen. So kam es noch 1939 zur Umrüstung einer Ju 88 aus der A-1-Serie mit Jumo 211 B-Motoren. Sämtliche bomberrelevante Ausrüstung entfiel. Aus der Bugkanzel ragte nun die Starrbewaffnung aus drei 7,92-mm-MG 17 und einem 15-mm-MG 151. Die Sturzflugbremsen des C-1 genannten Zerstörers (auch Z-Serie genannt) waren abmontiert, die Bodenwanne mit MG 15 in der Bodenlafette Bola 39 mit 575 Schuss blieb bestehen.

Auch den sonstigen Kabinenaufbau ließ man unverändert. Vorne, in der rechten Frontscheibe, kam weiterhin im A-Stand ein MG 15 mit 375 Schuss Munition in fünf Trommeln zum Einbau. Zur Abwehr nach hinten oben stand ebenfalls ein MG 15 (675 Schuss) zur Verfügung.

Die Besatzung bestand nur noch aus drei Mann. Es wurden jedoch nur wenige C-1 gebaut, da man rasch auf die C-2 überging, die wiederum auf der A-1 basierte, aber die größeren Flächen der A-4/-5 erhielt. Die unnötige Glaskanzel wich einem Metallbug. Anstatt des MG 151 kam ein 20-mm-MG FF (M) im Bug zum Einbau. Den Antrieb besorgten zunächst noch zwei Jumo 211 B, später dann je 1200 PS starke 211 G-Motoren.

Wenigen C-3 mit BMW-801-Sternmotoren folgte die Ju 88 C-4. Diese basierte auf der C-2 mit Jumo 211 B und kam als Zerstörer, Nachtjäger und Fernerkunder zum Einsatz. Die C-5 mit BMW 801 entfiel, da dieser für den Jäger Focke-Wulf Fw 190 reserviert war. In Großserie entstand die Ju 88 C-6 mit jeweils 1420 PS starken Jumo 211 J, teilweise aber auch BMW 801. Die C-6 kam als Zerstörer (C-6a) sowie Nachtjäger (C-6c) zu den Einheiten und war mit drei MG 17 plus drei MG 151/20 im Bug bewaffnet. Aus der C-Reihe leitete man auch die Nachtjagdausführungen Ju 88 R-1 und R-2 ab. Mit

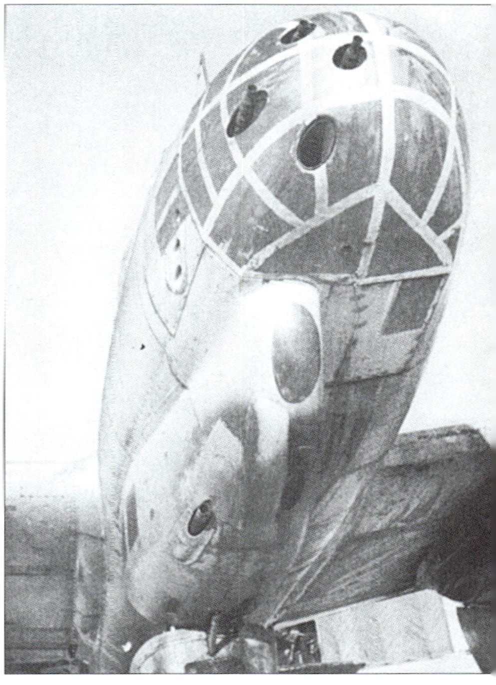

Ju 88 C-6 der Zerstörerstaffel des KG 76 (4./KG 76). Die aufgemalte Bugkanzel sollte feindlichen Jägern einen langsamen Bomber vorgaukeln

Wenig erfolgreiche Paarung: Ju 88 P-1 mit Pak 7,5 zur Panzerbekämpfung

den G-Typen folgten 1943 reine Nachtjäger-Varianten der Ju 88. (Mehr über die nachtaktiven Ju 88 erfahren sie in »Nachtjäger und Bomber« – GeraMond, 2012.)

Panzerjäger Ju 88 P

Schon mit der Ju 88 A-13 kam ein speziell für Tiefangriffe gegen Bodentruppen ausgerüstetes Schlachtflugzeug an die Front. Die A-13 war mit Panzerplatten und bis zu 16 nach schräg vorne und hinten gerichteten MG 17 ausgerüstet. Als Abwurflast konnten 500 kg SD 2-Splitterbomben mitgeführt werden. Zur Bekämpfung von Panzern an der Ostfront kam es zu verschiedenen Erprobungsreihen mit umgebauten Ju 88 A-4. Nachdem die Versuche mit einer 1440 kg schweren 75-mm-Kanone unter einer P-1 genannten ersten Version nicht zufrieden stellen konnten, lieferten die Varianten mit kleineren Geschützen durchaus brauchbare Ergebnisse.

So kamen in geringem Umfang Flugzeuge der Ausführung P-2 und P-3 mit zwei 37-mm-Bordkanonen Flak 38 bei der Panzerbekämpfung zum Einsatz. Von der Ju 88 P-4 mit 50-mm-Kanone BK 5 (KWK 39) wurden etwa 30 Stück gebaut und ebenfalls eingesetzt. Die entsprechend bewaffneten Henschel Hs 129 und Ju 87 zeigten sich jedoch für diese Aufgabe besser geeignet als die weitaus schwerfälligere Ju 88.

Schneller Fernaufklärer Ju 88 T der (F) Aufkl.Gr 123

Schnellbomber Ju 88 S

Mit der Ju 88 S tauchte das zu Beginn der Ju 88-Entwicklung ins Auge gefasste Schnellbomberkonzept wieder auf. Mit aerodynamisch gut ausgebildetem Glasbug sowie ohne Bodenwanne und Sturzflugbremsen brachte es die Ju 88 S-1 mit ihren zwei BMW 801 G-2 sowie bar jeglicher Bombenlast auf 600 km/h in 6000 Meter Höhe, mit GM 1-Anlage auf 610 km/h in 8000 Meter. Während die S-2 mit BMW 801 TJ und Turboladern ohne GM 1 flog, schaffte die S-3 mit Jumo 213 A und GM-1-Anlage sogar 615 km/h in 9000 Meter Höhe. Die Geschwindigkeit reichte jedoch nicht mehr aus, feindlichen Jagdflugzeugen konnte der Schnellbomber nur mehr schwerlich entkommen. Zur Abwehr von Jägern diente nur ein MG 131 im B-Stand. Die Abwurflast der S-3 lag bei bis zu 3000 kg, in einer Holzwanne, die unter dem Rumpf montierter war.

Schneller Aufklärer Ju 88 T

Als schneller bewaffneter Fernaufklärer entstanden die Ju 88 T-1 mit BMW 801 G und die von Jumo 213 angetriebene 640 km/h schnelle Ju 88 T-3 mit drei Reihenbildgeräten. Nur wenige S- und T-Maschinen wurden gebaut, da mit dem Aufklärer und Strahlbomber Arado 234 ein geeignetes und sehr viel schnelleres Flugzeug in den Startlöchern stand.

Lange H-Version

Für weite Flüge über den Atlantik war in geringer Stückzahl die Ju 88 H vorgesehen, die augenscheinlich durch einen verlängerten Rumpf (17,75 Meter) auffiel. Als Antrieb dienten BMW 801, die auch schon die letzte normal lange Ju 88-Fernaufklärerversion D-6 nutzte. Durch die Vergrößerung der Bodenwanne entstand ein durchgehender Bombenraum, der mit Treibstofftanks und Kameras versehen werden konnte. Die maximale Reichweite des H-1-Fernerkunders betrug 4800 km. 17,88 Meter lang fiel der nach H-1-Konzept aufgebaute Rumpf der H-2 aus, die auch als Fernbomber eingesetzt werden konnte. Die H-3 entfiel, die der H-2 ähnliche als Fernzerstörer konzipierte Ju 88 H-4 nutzte man als Mistel-Flugzeug.

Einsatz

Anfänglich flogen komplett schwarz lackierte Ju 88 C Fernnachtjagd über

England. Ihr Ziel waren die Nachtbomber der Royal Air Force (RAF). Später wurden die Nachtjagdmaschinen mittels Bodenfunkmessgeräten an die feindlichen Bomber herangeführt. Danach waren die Besatzungen wieder auf Sichtkontakt und möglichst nicht zu dunkle Nächte angewiesen. Mit dem Lichtenstein-Gerät war es möglich, die Feindflugzeuge ab einer Distanz von etwa zwei bis vier Kilometern auf dem Bildschirm auszumachen und nach Annäherung zu bekämpfen. Mit Fortschreiten des Krieges wurden die deutschen Nachtjäger oft selbst zu Gejagten. Besonders die schnelle zweimotorige britische Mosquito war bei den Besatzungen gefürchtet.

Notgedrungen kamen Ju-88-Zerstörer/Nachtjäger auch in der Reichsverteidigung am Tag zum Einsatz, was zu teils katastrophalen Verlusten führte, da die US-Amerikaner ab 1944 meist mit starkem Begleitschutz flogen, für den die schweren Ju 88 leichte Beute waren. Treibstoffmangel und nicht ausreichende Reaktionszeiten nach dem Fall von Frankreich schränkten die Nachtjagd ab Mitte 1944 immer stärker ein, Planungen wurden zusehends schwieriger.

Als Zerstörer und Schlachtflugzeug trat die Ju 88 insgesamt gesehen eher wenig in Erscheinung. Die Maschinen operierten dafür oft in kleinen Gruppen zur Unterstützung von Bodentruppen. Als Jagdaufgabe fiel den Ju 88 C des KG 40 zum Beispiel die Abwehr von mehrmotorigen U-Boot-Jägern des britischen Coastal Command zu. Die 1943 im englischen Dyce bei Aberdeen gelandete Ju 88 R-1, W.Nr. 360043, ist erhalten geblieben und im Royal Air Force Museum in Hendon, London, ausgestellt.

Technische Daten – Ju 88

Junkers Ju 88	C-6	P-4
Einsatzzweck	Nachtjäger (auch Zerstörer)	Schlachtflugzeug
Besatzung	3	3
Antrieb	2 x Jumo 211 J V-12-Zylinder-Reihenmotor, flüssigkeitsgekühlt	2 x Jumo 211 J-2 V-12-Zylinder-Reihenmotor, flüssigkeitsgekühlt
Startleistung	2 x 1420 PS – ges. 2840 PS	2 x 1420 PS – ges. 2840 PS
Spannweite	20,08 m	20,08 m
Länge	14,96 m (mit Antenne)	14,36 m
Höhe	4,06 m (schrägstehend b. Kabinenoberkante)	4,06 m
Flügelfläche	54,70 m²	54,70 m²
Rüstgewicht	8100 kg	–
Startgewicht	11 450 kg	11 500 kg
Flächenbelastung max.	209 kg/m²	209 kg/m²
Höchstgeschwindigkeit	500 km/h	580 km/h
Marschgeschwindigkeit	490 km/h	510 km/h
Landegeschwindigkeit	145 km/h	160 km/h
Startrollstrecke	875 m	750 m
Normale Reichweite max.	2950 km	3000 km
Dienstgipfelhöhe	8800 m	9200 m
Abwehrbewaffnung	3 x MG 17 – 7,92 mm 3 x MG 151/20 – 20 mm 2 x MG 151/20 als Schrägbewaffnung möglich	1 x BK 5 – 50-mm
Ausrüstung	FuG 220 SN 2	FuG 16, 25

OBEN Ju 88 S-1 der 1./KG 66, eingesetzt als Pfadfinder zur Weg- und Zielmarkierung. Die Maschine trägt einen für die S-Version nicht ungewöhnlichen Tarnanstrich Foto: Meyer

Ju 88 P-3 mit zwei voluminös verkleideten 37-mm-Kanonen BK 3,7

Bomber, Aufklärer, Torpedoflugzeug – Teil 1

Junkers Ju 188

Als Weiterentwicklung und auf Basis der Junkers Ju 88 entstand 1941/42 die Ju 188. Im Grunde war sie als Übergangslösung gedacht. Doch rasch bewies die schnittige Zweimot ihr hohes Einsatzpotenzial

Schon im Sommer 1939 erteilte das Reichsluftfahrtministerium (RLM) den Auftrag zur Entwicklung eines neuen mittleren Bombers. Die von den Ingenieuren der Junkers Flugzeug- und Motorenwerke (JFM) daraufhin konstruierte Ju 288 konnte jedoch nicht im geplanten Zeitrahmen zur Serienreife gebracht werden. Bei Junkers hatte man inzwischen auch an der Weiterentwicklung der bewährten Ju-88-Reihe gearbeitet, die mit der B-Variante unter anderem einen gänzlich neuen Kanzelaufbau erhalten hatte. So wurde 1941/42 auf Basis der Ju 88 ein Übergangsmodell entwickelt, das schließlich die Bezeichnung Ju 188 erhielt. Die Mitte 1942 erstmals geflogene Ju 88 V44 wurde nachträglich zur Ju 188 V1.

Die Projektleiter der Arbeiten an der rundum optimierten »88« waren Heinrich Hertel, Brunolf Baade und Karl-Ernst Schilling, als Chefkonstrukteur fungierte Ernst Zindel. Eine weitere Neuerung der

Die Ju 88 V44, NF+KQ, das später in Ju 188 V1 umbenannt wurde, zeigt bereits alle sichtbaren Merkmale der Ju 188, wie die verlängerten Flächen, das vergrößerte Seiten- und Höhenleitwerk sowie den sogenannten Kampfkopf für die vierköpfige Besatzung

Ju 188 gegenüber der damaligen Serien-Ju 88 A-4 waren deren um etwa zwei Meter verlängerte, relativ spitz zulaufende Flügel. Obwohl der neue Entwurf mehr auf die Waage brachte, konnte so die Flächenbelastung verringert werden.

Des Weiteren erhielt die neue Maschine ein vergrößertes Seiten- und Höhenleitwerk, das man auch bei späten Ausführungen der Ju 88 übernahm. Die Arbeiten an der Ju 188 wurden intensiv im Windkanal getestet.

Die JFM schufen mit der Ju 188 ein gegenüber der Ju 88 stark verbessertes Kampfflugzeug. Hier eine Ju 188 E-1 mit BMW-801-Triebwerken und Sturzflugbremsen im Jahr 1943

Fotos Sammlung H. Ringlstetter

Die augenscheinlichste Veränderung bestand in der bis zur Bugspitze gezogenen, neuen Kabine. Der sogenannte Kampfkopf bot erheblich verbesserte Platz- und Sichtverhältnisse für die weiterhin vierköpfige Besatzung (Flugzeugführer/Kommandant, Bombenschütze, Funker sowie Bordschütze). Bestiegen wurde die Ju 188 über eine Klappe im C-Stand unterhalb des Vorderrumpfs.

Bewährte Konstruktion

Die komplette Zelle des freitragenden Mitteldeckers wurde in Ganzmetall-Schalenbauweise gefertigt. Die zweiholmigen Flächen mit Warmluftenteisung wiesen über die Hinterkante verlaufende, hydraulisch betätigte Landeklappen auf, denen sich zweigeteilte Querruder mit je zwei Trimmklappen in den Innenteilen anschlossen. Die Ju 188 wurde, wie die Ju 88, sturzflugfähig ausgelegt – eine Bedingung des RLM, die im Verlauf der immer härter werdenden Einsatzbedingungen aber bald fallen gelassen wurde, da man die Verlustrate dieser Angriffsart als zu hoch ansah. Der steile Sturz als Angriffstaktik wurde in der Regel ohnehin nicht mehr geflogen, der Zielanflug in einem Winkel von 30 Grad galt als am effektivsten.

Montiert waren die dafür notwendigen gitterartigen Sturzflugbremsen im Bereich des Vorderholmes, etwas außerhalb der Motorgondeln.

Das freitragende Seiten- und Höhenleitwerk verfügte über Trimmklappen in allen Ruderflächen, die sich beim Seitenruder über die gesamte Hinterkante zogen. Während die Flossen mit Metall beplankt waren, wurde für die Außenhaut der Ruder Stoff gewählt.

Der A-Stand einer Ju 188 mit MG 151/20 (200 Schuss). Zudem ist die Maschine mit einer Kutonase am Bug ausgerüstet, die zum Durchschneiden von Sperrballon-Stahlseilen diente

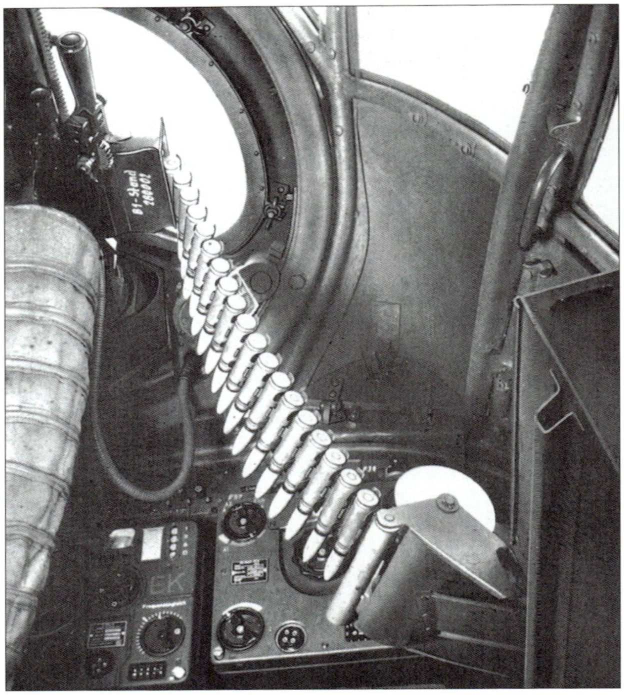

Das MG 131 im B-1-Stand einer Ju 188 verfügte über einen Munitionsvorrat von insgesamt 500 Schuss. Unter dem MG sind Teile der Funkanlage zu sehen

Die weiße Umrandung markiert die Haubenteile des teilweise gepanzerten Kabinenaufbaus, die im Notfall abwerfbar waren

Als Antrieb sollte ursprünglich der flüssigkeitsgekühlte Junkers Jumo 213-V-12-Reihenmotor verwendet werden, doch musste bis zu dessen Serienreife der luftgekühlte BMW-801-Doppelsternmotor verbaut werden. Die Leistung wurde bei beiden Motoren an dreiblättrige VDM-Verstell-Luftschrauben mit einem Durchmesser von 3,7 Metern übertragen. Die Aggregate sollten dann, so die Auflage des RLM, wahlweise ohne Schwierigkeiten in die Ju-188-Zelle eingebaut werden können.

Der Kraftstoff wurde in vier selbstdichtenden Flächentanks untergebracht, die zusammen 1680 Liter fassten. Das Fahrgestell war komplett einziehbar, wobei das Hauptfahrwerk hydraulisch um 90 Grad gedreht nach hinten in den Motorgondeln und das Spornrad komplett verkleidet im Rumpf verschwanden.

Abwehrbewaffnung nicht optimal

Die mögliche Bombenlast der Ju 188 A-2 und E-1 erhöhte sich auf maximal 3000 Kilogramm und konnte im Rumpf sowie an sechs Außenträgern mitgeführt werden. Die serienmäßige Abwehrbewaffnung wurde gegenüber der Ju 88 A-4 nochmals verbessert, indem Flugzeuge der A-Serie einen auf das Kabinendach montierten Drehturm (B-2-Stand), bestückt mit einem schweren 20-Millimeter-MG-151/20, erhielten, die Maschinen der E-Serie dagegen einen mit 13-Milli-

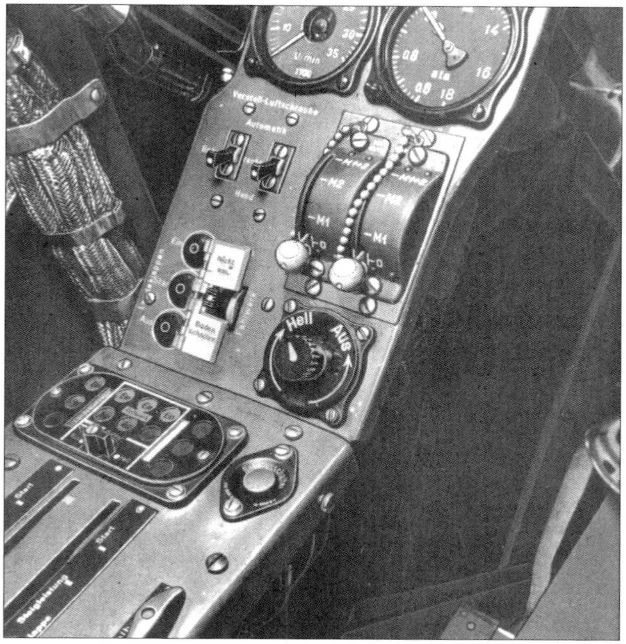

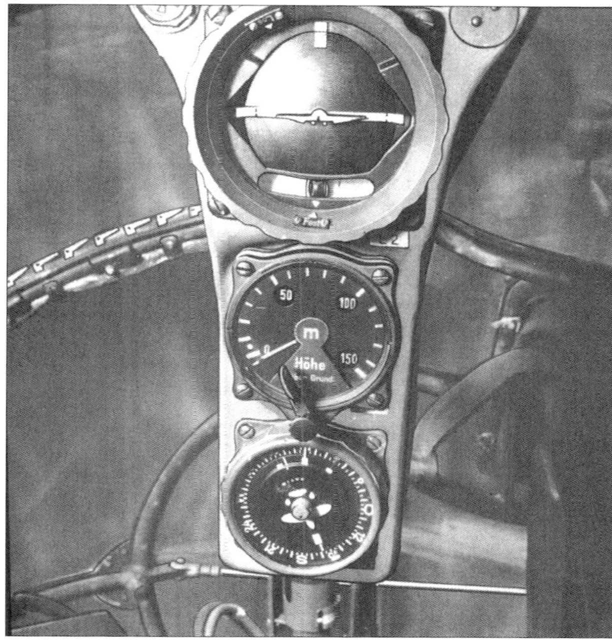

meter-MG-131. Als zusätzliche rückwärtige Bewaffnung kam ein MG 131 in einer einfachen Linsen-Lafette (B-1-Stand) zum Einbau. Um das Schussfeld nicht einzuschränken, konnte der dahinter aufragende Antennenmast elektrisch eingefahren werden. In der Bodenwanne, dem C-Stand, stand ein Zwillings-Maschinengewehr MG 81 Z, Kaliber 7,92 Millimeter, bereit. Im Rumpfbug (A-Stand) verstärkte ein weiteres MG 151/20 die Abwehrkraft der Ju 188. Die Bugwaffe konnte auch als starre Waffe, also in verriegeltem Zustand, abgefeuert werden. Dennoch galt die Defensivbewaffnung der Ju 188 nicht als optimal, zumal die Schützen des A-, B-1 und C-Standes nur in einem recht eingeschränkten Schussfeld feuern konnten.

OBEN LINKS **Instrumentenkonsole, Bedientisch genannt, einer Ju 188 F**

OBEN RECHTS **Die mittig platzierte Konsole mit Wendezeiger, Höhenmesser und Kompass**

RECHTS **Für das doppelläufige, sehr schnell feuernde MG 81 Z im C-Stand standen dem Schützen 1000 Schuss zur Verfügung**

Vorserienflugzeug Ju 188 E-0, WNr. 10008, das im Februar 1943 für General-Luftzeugmeister Erhard Milch zur Stabsmaschine des RLM umgebaut wurde und die spezielle Kennung ST+GL (Stabsflugzeug + General-Luftzeugmeister) erhielt

Fernaufklärer Ju 188 F-1, A6+DH, der 1.(F)/Aufkl Gr 120 Anfang 1944. Lackierung: RLM 70/71/65. Das Flugzeug hatte wohl vormals eine andere Kennung, die vor dem Aufbringen der neuen übermalt wurde

Man erprobte auch einen bemannten Heckstand, bestückt mit zwei übereinander angeordneten MG 131, der jedoch wegen der extrem beengten Platzverhältnisse und des eingeschränkten Wirkungsgrades der Waffen wieder aufgegeben wurde. Schon vorher hatte man an einem ferngelenkten Heckstand (Ju 188 C-0) gearbeitet, der sich ebenfalls als problematisch erwies. Die Arbeiten daran wurden allerdings nach Scheitern des bemannten Heckstandes wieder aufgenommen.

Ende 1942 und Anfang 1943 befanden sich die Ju-188-Versuchsmuster in intensiver Flugerprobung. So schnell wie möglich sollte der Typ Serienreife erlangen, während man bei Junkers schon mit den Vorbereitungen zur Fertigung des

Keine Ju 188, sondern eine Ju 88 B-0 (RK+RH), eingesetzt bei der Aufkl.Gr.Ob.d.L.

Eine Ju 188 F-1 rollt zum Start. Zwischen Rumpf und Motor ist einer der beiden 300-Liter-Zusatztanks zu sehen

Torpedobomber Ju 188 E-2 mit FuG 200 »Hohentwiel«-Funkmessanlage. Seitlich am Vorderrumpf ist die längliche Ausbuchtung für das Torpedo-Steuergerät zu erkennen

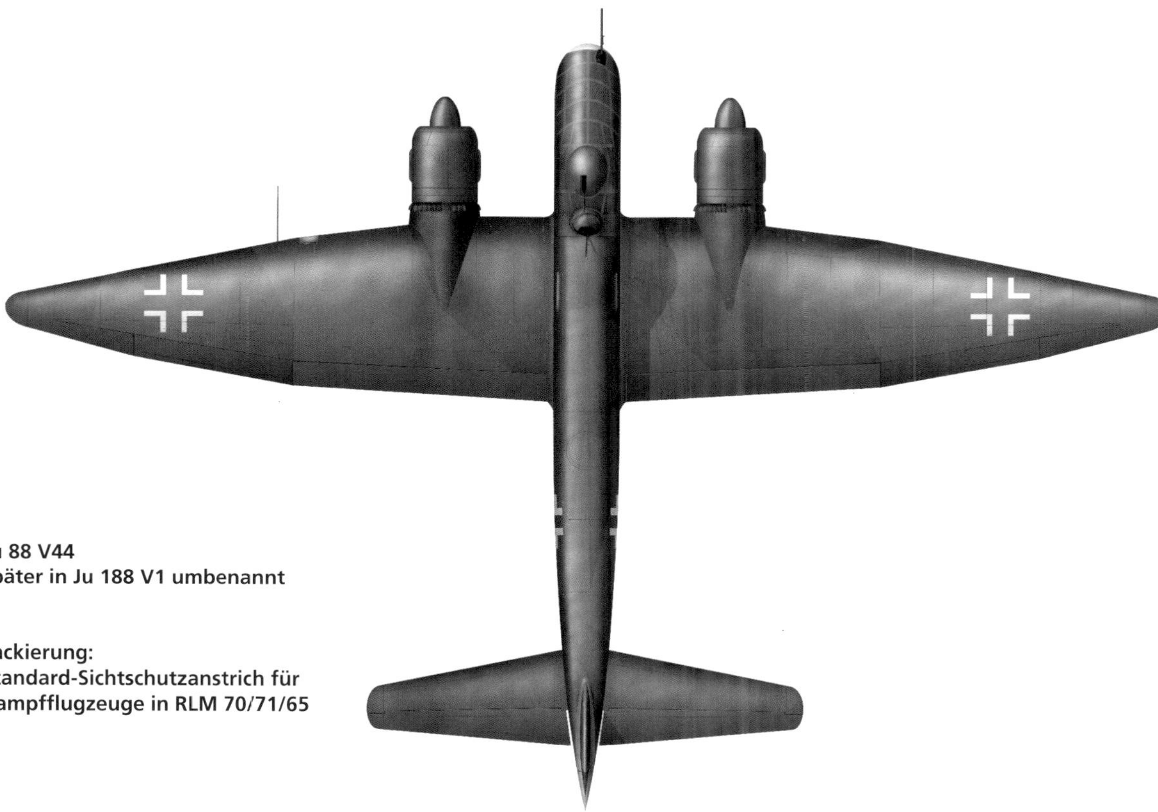

Ju 88 V44
später in Ju 188 V1 umbenannt

Lackierung:
Standard-Sichtschutzanstrich für
Kampfflugzeuge in RLM 70/71/65

© Herbert Ringlstetter – Aviaticus.com

Einen wenig kriegerischen Eindruck und guten Einblick in die Sichtverhältnisse im Bugbereich einer Ju 188 vermitteln diese Bilder während eines offenbar recht beschaulichen Alpenfluges

Technische Daten – Junkers Ju 188

Junkers Ju 188	**E-1**
Einsatzzweck	Horizontal- und Sturzkampfbomber
Besatzung	4
Antrieb	2 x BMW 801 G-2 14-Zylinder-Doppelsternmotor, luftgekühlt
Startleistung	2 x 1730 PS bei 2700 U/min – ges. 3460 PS
Kampfleistung	2 x 1500 PS bei 2400 U/min in 5300 m
Kraftstoffverbrauch	je 270 l/h bei Sparleistung in 4000 m
Spannweite	22,00 m
Spannweite Höhenleitwerk	8,00 m
Länge	15,05 m
Höhe	4,44 m
Flügelfläche	56 m²
Leergewicht	8200 kg
Rüstgewicht	9410 kg
Startgewicht	14 570 kg
Flächenbelastung max.	260 kg/m²
Höchstgeschwindigkeit	500 km/h in 6000 m
Marschgeschwindigkeit	375 km/h in 5000 m
Landegeschwindigkeit	160 km/h
Steigzeit	2000 m in 3,8 min 4000 m in 7,8 min 6000 m in 17,4 min
Startrollstrecke	720 m 1100 m über 20 m Hindernis
Landerollstrecke	700 m
Normale Reichweite max.	2800 km
Dienstgipfelhöhe	10 000 m
Abwehrbewaffnung	A-Stand: 1 x 20 mm MG 151/20 B-1-Stand: 1 x 13 mm MG 131 in Linsenlafette B-2-Stand: 1 x 13 mm MG 131 in Drehringlafette C-Stand: 1 x 7,9 mm MG 81 Z
Abwurflast	3000 kg Bomben E-2: 2 x Lufttorpedo LT 1B, je 800 kg oder 2 x LT F5B, je 765 kg

Die Waffe im A-Stand ist nicht installiert und die dafür vorgesehene Öffnung mit einer Abdeckplatte versehen

neuen Musters beschäftigt war. Ab Februar 1943 wurden die ersten Vorserienmaschinen Ju 188 E-0, angetrieben von zwei 1700 PS starken BMW-801-Motoren, ausgeliefert. Bald darauf folgten einige E-1-Serienmaschinen.

Wenige Monate später kam die mit zwei Junkers Jumo 213 A-1 (je 1750 PS mit Wasser-Methanol-Einspritzung sogar kurzzeitig je 2240 PS) ausgerüstete Ju 188 A-2 als Horizontal- und Sturzkampfbomber mit Sturzflugbremsen und entsprechender Ausrüstung. Die A-1 so-

Warte bei der Arbeit an einer Ju 188, unter dem Cockpit der Eingestieg über eine Klappe und Leiter im C-Stand

Die obere Abwehrbewaffnung einer Ju 188 A-2 mit MG 151/20 im Drehturm (EDL 151, 450 Schuss) und einem MG 131 in einer Linsenlafette LLG 131

Die RLM-Stabsmaschine Ju 188 E-0, W.Nr. 10008. Die dunkelgrüne Werkslackierung wurde mit RLM 65 oder 76 stark aufgehellt

wie die Ju 188 B, die wegen des nicht verfügbaren Jumo 213 den Jumo 211 erhielt, gingen nicht in Serie. Ju 188 A-3 beziehungsweise E-2 waren Varianten, die für den Torpedoabwurf ausgerüstet wurden. Die Maschinen konnten an zwei Außenträgern links und rechts zwischen Rumpf und Motor zwei Lufttorpedos LT 1B mit je 800 oder LT F5B mit je 765 Kilogramm mitführen. Für deren Lenkmechanismus befand sich im rechten Rumpfbug ein Steuergerät, was durch eine langgezogene Wölbung in der Außenhaut seitlich unterhalb der Kabine zu erkennen ist. Die Torpedovarianten waren außerdem mit einem Suchradar FuG 200 »Hohentwiel« im Bug ausgestattet.

Aufklärer-Varianten

Mit zwei Reihenbildgeräten Rb 50/30 oder Rb 75/30 für den Tageseinsatz (NRb 40/25 oder 50/25 für den Nachteinsatz) ausgerüstet und ganz auf die Rolle als Fernaufklärer zugeschnitten wurden die Serien Ju 188 D-1 und D-2, die beide mit Jumo-213-Motoren ausgestattet waren und ohne vordere Bewaffnung flogen. Die Besatzung war auf drei Mann reduziert. Für eine größere Reichweite wurden zusätzliche Tanks im Bombenraum sowie zwei 300 Liter fassende Zusatztanks in Außenbehältern mitgeführt, wodurch sich die Eindringtiefe auf bis zu 1700 Kilometer (also 3400 Kilometer Reichweite) in 6000 Meter Höhe bei einer Marschgeschwindigkeit von etwa 430 km/h ausweiten ließ. Wie die Torpedobomber-Varianten war auch die zur Seeaufklärung gerüstete Ju 188 D-2 mit dem zur Ortung von Schiffen konzipierten »Hohentwiel«-Suchradar FuG 200 ausgestattet.

Die mit BMW-801-Motoren betriebenen Aufklärer-Versionen wurden mit den Kürzeln F-1 und F-2 benannt.

Eine Ju 188 A-2 wird mit Bomben beladen, als Horizontalbomber waren bis zu 3000 kg möglich
Fotos Sammlung H. Ringlstetter

Die »188« im Einsatz – Teil 2

Junkers Ju 188

Die Ju 188 erlangte schon 1943 Frontreife, gegenüber der Ju 88 zeigte sie bessere Leistungen und bewährte sich bei der Truppe gut. Im Vergleich dazu blieben die Produktionszahlen jedoch bescheiden

Die Bomberausführungen Ju 188 A mit Junkers-Jumo-213-Motoren und Ju 188 E mit BMW-801-Aggregaten zeigten insgesamt gute Leistungen, doch konnte die Zweimot maximal 1000 Kilogramm Bomben intern aufnehmen. Zwar ließen sich an externen ETC-Trägern unter den Tragflächen weitere 2000 Kilogramm mitführen, jedoch ging dies auf Kosten von Geschwindigkeit und Flugeigenschaften. Ein vergrößerter Mittelrumpf sollte dieses Problem lösen.

Ju 188 G mit dickem Bauch

Basierend auf der A-Reihe mit Jumo 213 entstand die für die Serienfertigung geplante Ju-188-Horizontalbomber-Ausführung G-2 (G-0 und G-1 nur Prototypen) mit erweitertem Bombenraum, was man durch den Anbau einer Bodenwanne und entsprechend geänderter Bombenabwurfanlage erreichte. Als Baustoff verwendete man hierfür Holz. Wie bei den Versionen A und E benutzte der Bombenschütze für den horizontalen Bombenwurf ein Lotfernrohr 7 (Lotfe 7) als Zieleinrichtung. Um den toten Winkel hinter dem Heck der Ju 188 zu schließen, war für die G-Reihe

Besatzung einer Ju 188 A-2: Vorbereitung auf den nächsten Einsatz

als zusätzliche Defensivbewaffnung ein Heckstand vorgesehen. Wie bei der nicht verwirklichten Ju 188 C erstmals erprobt, sollte der Bordschütze zwei 13-Millimeter-MG-131 ferngelenkt bedienen, wobei er über ein Doppelperiskop PV E 11, das in der Kabine installiert war, Ausschau nach Angreifern halten konnte. Das innovative FA-15-Abwehrgerät (Fernantrieb Typ 15) bereitete jedoch große Schwierigkeiten. Die zweite Variante sah einen bemannten Heckstand vor, für den aus Platzgründen nur sehr klein gewachsene Schützen infrage kamen. Seine Aussichten, im Ernstfall das abstürzende Flugzeug rasch verlassen zu können, wurden jedoch als gering eingeschätzt. Die Lösung wurde vom RLM abgelehnt, und bei den Junkers Flugzeug- und Motorenwerken (JFM) arbeitete man weiter am ferngesteuerten Abwehrstand. Beide Varianten hatten zudem den Nachteil, nur ein geringes Schussfeld abdecken zu können.

Die Version Ju 188 G-3 war als Torpedobomber vorgesehen, ging jedoch ebensowenig in Produktion wie die G-2.

Ju 188 H, J, K und L

Lediglich als Projekt existierte die auf der C-Version basierende Fernaufklärer-Variante Ju 188 H, die mit einer erhöhten Reichweite von 3000 Kilometern bei einer Marschgeschwindigkeit von 400 km/h aufwarten sollte. Als Zerstörer und Nachtjäger mit BMW 801 J oder Jumo 213 A ausgestattet, projektierte man die Version Ju 188 J. Die Ju 188 K wurde dagegen wieder als Horizontalbomber geplant, ebenfalls mit beiden Motorentypen. Den Einsatz als Höhenaufklärer für Tag- und Nachteinsätze sah das Junkers-Projektbüro für die Version Ju 188 L vor.

Die vollverglaste Kanzel, der sogenannte Kampfkopf, bot ganz hervorragende Sichtverhältnisse. Das 20-Millimeter-MG-151/20 im A-Stand hatte nur einen relativ geringen Schwenkbereich

Nach einem Testflug: Ju 188 mit BMW-801-Motoren

Zwei Besatzungsmitglieder vor ihrer Ju 188 – möglicherweise das letzte Foto

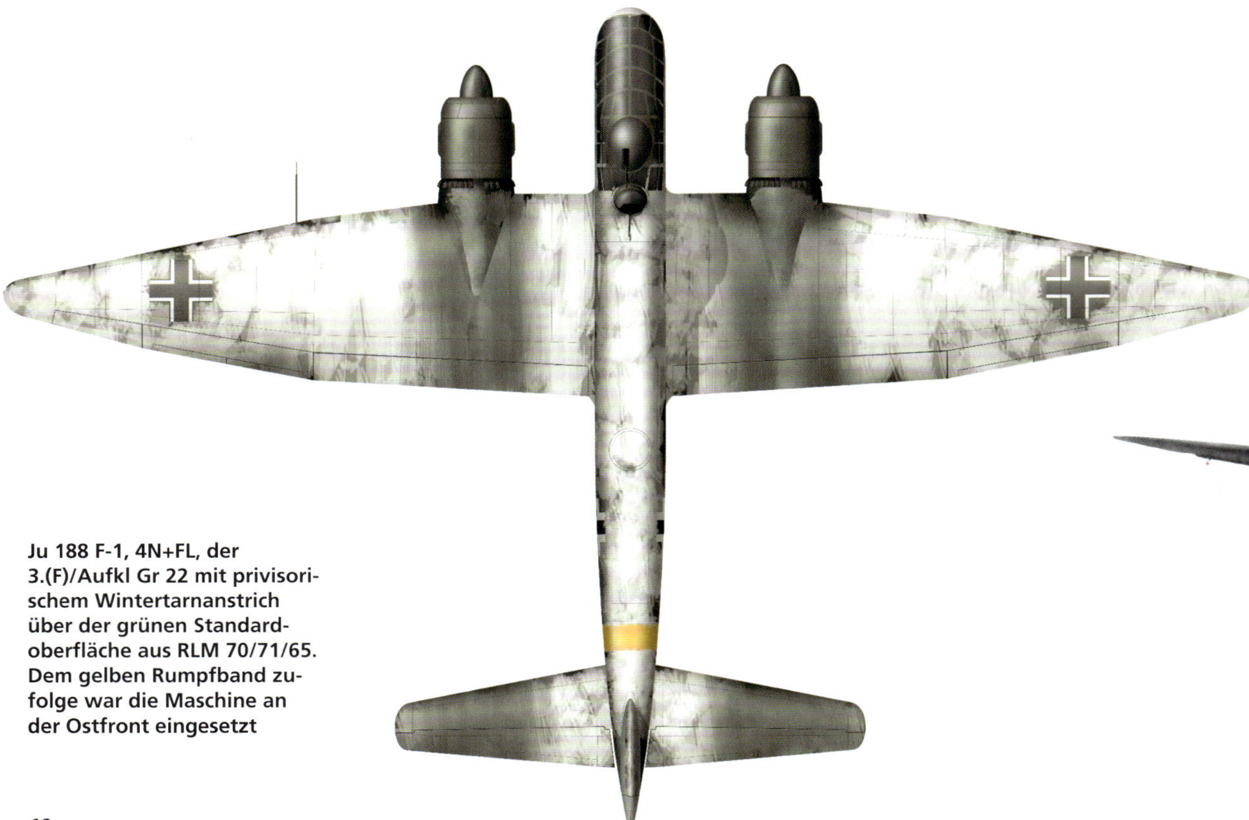

Ju 188 F-1, 4N+FL, der 3.(F)/Aufkl Gr 22 mit privisorischem Wintertarnanstrich über der grünen Standardoberfläche aus RLM 70/71/65. Dem gelben Rumpfband zufolge war die Maschine an der Ostfront eingesetzt

Die weitere Entwicklung all dieser Projekte verfolgte man letztlich mit der Ju-388-Reihe.

Unterlegener Nachtjäger

Maximal drei Versuchsmuster entstanden dagegen von der Nachtjäger-Variante Ju 188 R mit BMW-801-Motoren, Funkmesstechnik und mehreren starr nach vorne gerichteten MG 151/20, Kaliber 20 Millimeter (alternativ zwei 30-Millimeter-Kanonen), sowie einer schräg nach vorne oben feuernden Zusatzbewaffnung aus ein bis zwei MG 151/20. Bei einem Vergleichsfliegen am 25. und 26. März 1943 mit der Konkurrenzentwicklung von Heinkel, der He 219, unterlag die von Generalluftzeugmeister Erhard Milch bevorzugte Ju 188. So heißt es in einem Fernschreiben an Ernst Heinkel unter anderem: »Die 219 ist wendiger und beweglicher und hat im Kurvenkampf die 188 ausgekurvt. Die aus den Leistungsblättern hervorgehende Geschwindigkeitsüberlegenheit der 219 von mindestens 25 km/h hat sich bestätigt. Die theoretisch bessere Steiggeschwindigkeit der Ju 188 hat sich nicht bestätigt …« Der Ju-188-Nachtjäger ging nicht in Serie.

Ju 188 S und T

In wenigen Exemplaren wurde ab Mitte 1944 noch der ohne Abwehrbewaffnung konzipierte und mit einer Druckkabine ausgerüstete Schnellbomber Ju 188 S-1 mit Jumo 213 C oder E gebaut. Der Typ war für den Einsatz in großen Höhen bestimmt, bekam einen überarbeiteten Kanzelaufbau (Kampfkopf der Ju 388) und war auf die Mitnahme von lediglich 800 Kilogramm Bomben im Rumpf ausgelegt. Die mit GM-1-Einspritzung

Eine Ju 188 wird startklar gemacht. Ein Zusatztank hängt unter der linken Fläche und wird gerade befüllt

Zwei Aufnahmen der Ju 188 G-0 (aus V2), in die versuchsweise ein bemannter Heckstand mit zwei MG 131 eingebaut wurde

Eine in Belgien aufgefundene Ju 188 A-2 mit außerordentlichem Anstrich. Der Staffelbuchstabe K wurde auf der linken Rumpfseite dunkel (rot oder schwarz), links dagegen in Grau aufgemalt!

in etwa 9500 Meter Höhe gut 680 km/h schnelle Ju 188 S entsprach ansonsten weitestgehend der A-2.

Die Panzerjäger-Version Ju 188 S-1/U1, zu der ab Ende 1944 nicht ausgelieferte oder noch im Bau befindliche S-Bomber umgerüstet wurden, erhielt eine unterhalb des Rumpfes in eine Wanne eingebaute 50-Millimeter-Kanone BK 5 sowie eine umfangreiche zusätzliche Panzerung im Bereich der Kabine und der Motoren. Die Druckkabine entfiel ebenso wie die GM 1-Anlage. Die Besatzung bestand nur noch aus zwei Mann. Ein wahrer Geschwindigkeitsmeister war die T-Version: Annähernd 700 km/h erreichte der ebenfalls unbewaffnete und mit drei Kameras ausgerüstete Fernaufklärer Ju 188 T in 11 500 Meter Höhe. Ob auch Ju 188 T zum Einsatz gelangten, ist jedoch unklar. Ein paar Maschinen der S- und T-Produktion sollen zu Ju 388 umgebaut worden sein.

Ju 188 – Produktionszahlen

Version	Junkers	ATG	Siebel	Gesamt	Produktionszeitraum
E-1	263	–	–	263	Februar 1943 bis Mai 1944
F-1	222	–	–	222	April 1943 bis Juli 1944
A-2	71	72	140	283	September 1943 bis September 1944
A-3	–	–	62	62	Juli bis September 1944
D-2	45	139	220	404	Februar 1944 bis Februar 1945
Gesamt	**601**	**211**	**422**	**1234**	**Februar 1943 bis Februar 1945**

Weitere Versionen entstanden durch Umbau

Gern geflogen: die 188 an der Front

Im Mai 1943 begann das Luftwaffenerprobungskommando 188 (später 4./KG 66), die Ju 188 mit Maschinen der E-Reihe im Einsatz zu erproben. Seinen ersten Kampfeinsatz flog das Kommando am 18. August über Großbritannien.

Als nächste Kampfflieger-Einheiten erhielten die I. Gruppe sowie der Stab des KG 6 Ju 188. Die I./KG 6 startete im Oktober 1943 zu ersten Pfadfinder-Einsätzen für Ju 88 über Großbritannien. Zum ersten Fernaufklärer-Einsatz mit Ju 188 kam es im September 1943 durch Ju 188 F-1 der 3.(F)/121 über der Sowjetunion. Bald wurden mehr Staffeln mit Ju-188-Erkundern ausgerüstet, so die 3.(F)/22 und 4.(F)/11; weitere folgten. Dass komplette Einheiten, Bomber wie Aufklärer, mit

Die erste Staffel der Fern-Aufklärungsgruppe 124 – 1.(F)124 –, ausgerüstet mit Ju 188 D-2, in Kirkenes, Norwegen

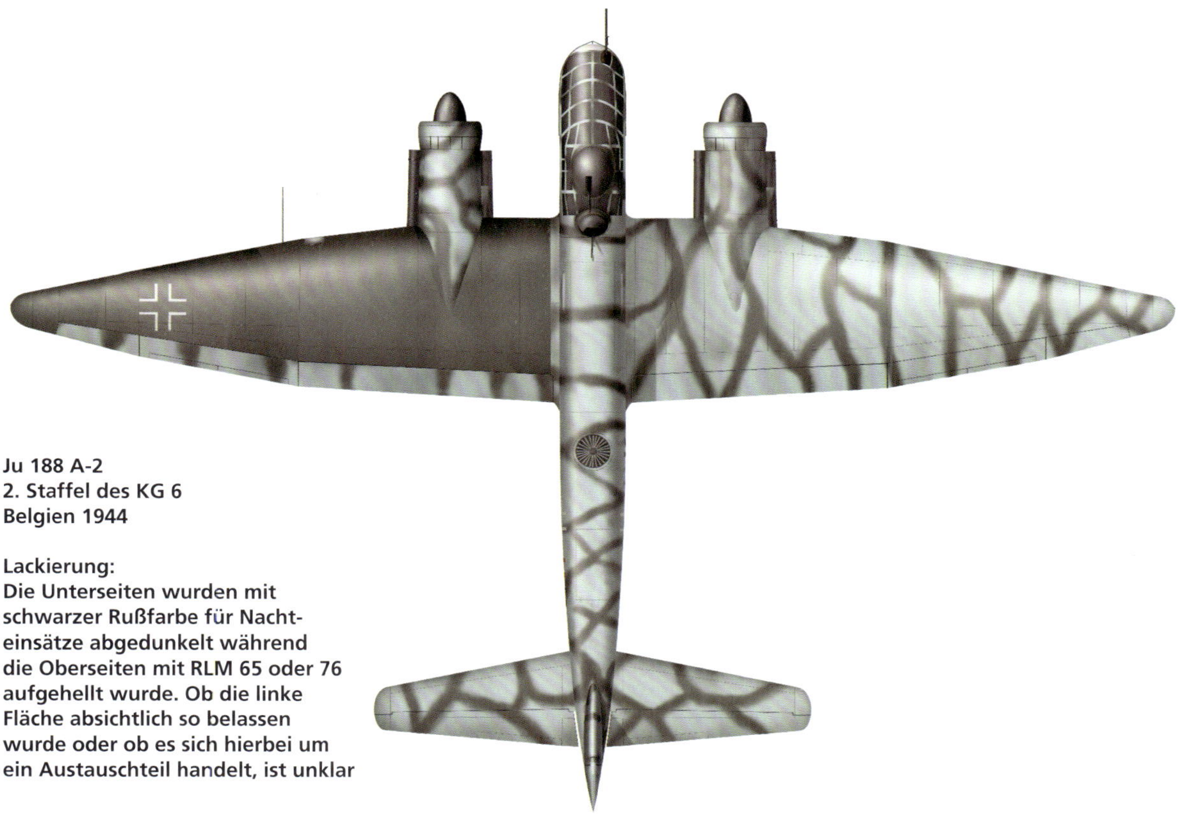

Ju 188 A-2
2. Staffel des KG 6
Belgien 1944

Lackierung:
Die Unterseiten wurden mit schwarzer Rußfarbe für Nachteinsätze abgedunkelt während die Oberseiten mit RLM 65 oder 76 aufgehellt wurde. Ob die linke Fläche absichtlich so belassen wurde oder ob es sich hierbei um ein Austauschteil handelt, ist unklar

© Herbert Ringlstetter – Aviaticus.com

Ju 188 G-2

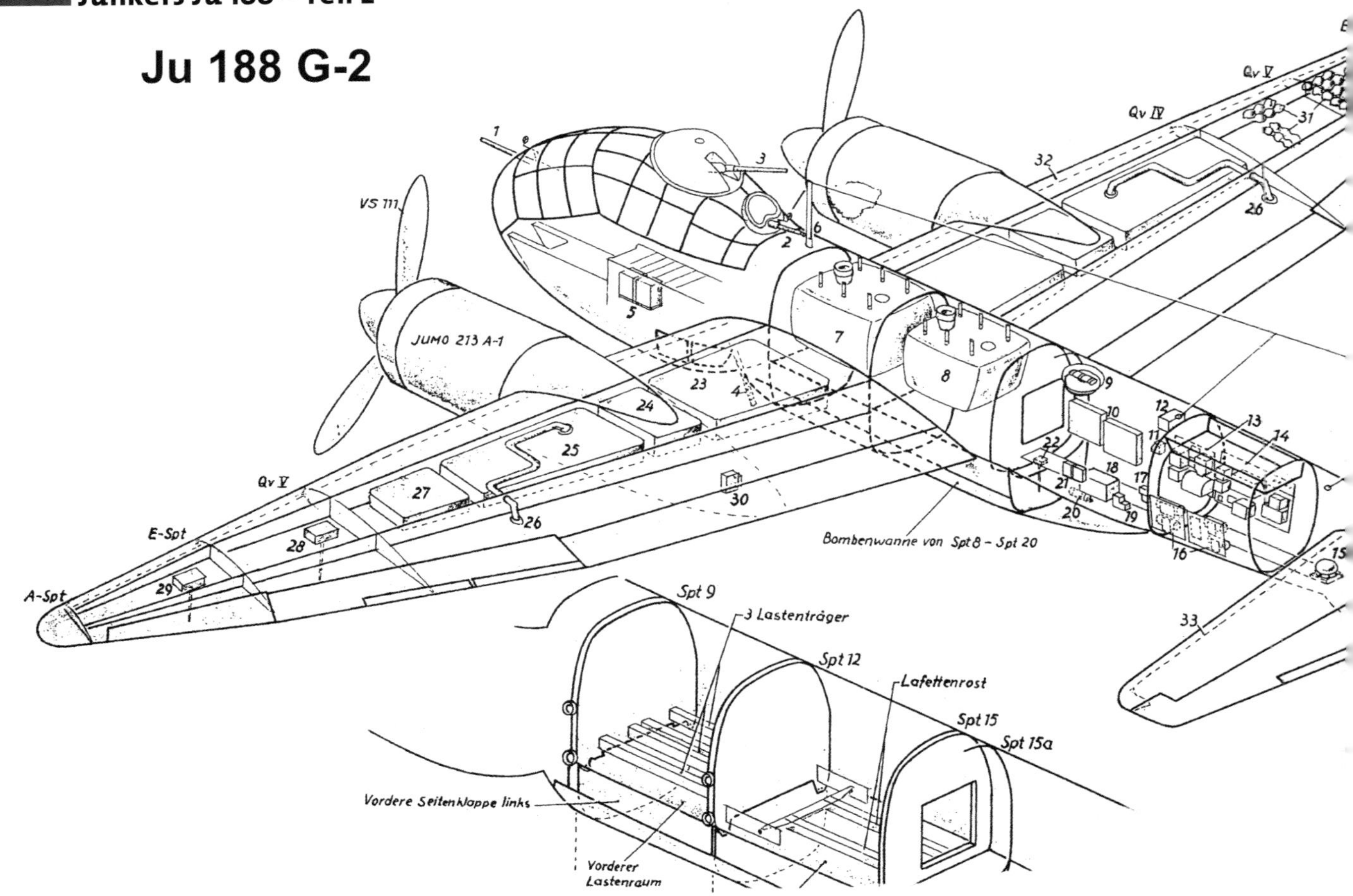

Ju 188 ausgerüstet waren, kam eher selten vor, oftmals setzte sich der Flugzeugbestand aus unterschiedlichen Typen zusammen. So flogen neben den Ju 188 auch Ju 88 und Messerschmitt Me 410.

Unterstützt durch ihre funkmesstechnische Ausrüstung in Form des FuG 200 Hohentwiel, bekämpften Ju-188-Bomber von Dänemark, Norwegen sowie Mittelmeer-Plätzen aus erfolgreich alliierte Schiffe. Eingesetzt wurden die wenigen Ju 188 praktisch an allen Fronten. Etwas mehr als die Hälfte der Ju 188 fungierten als Aufklärer. Es waren auch Fernaufklärer-Einheiten, die kurz vor Kriegsende noch Ju 188 flogen.

Bei den Luftwaffe-Besatzungen, die mit der Junkers Ju 188 im Einsatz waren, erfreute sich die Maschine großer Beliebtheit; sie wurde durchwegs gut beurteilt und gern geflogen. Den sonst üblichen

Für die Ju 188 wurde sowohl ein bemannter (links), als auch ein ferngelenkter Heckstand erprobt

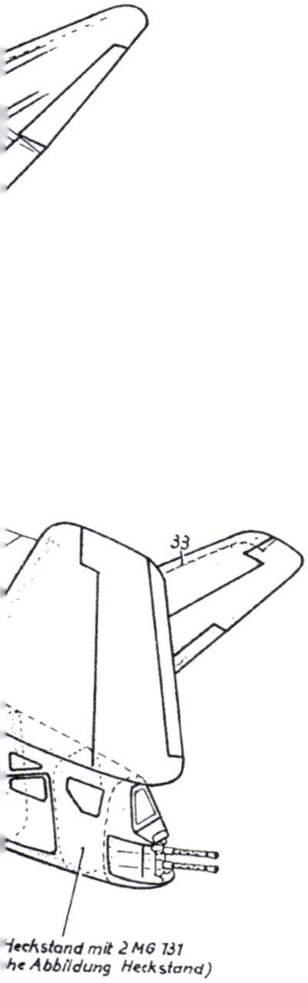

Von Alliierten erbeutete Ju 188, mit an den Unterseiten abwaschbarer schwarzer Farbe für Nachteinsätze. Die Bewaffnung des Aufklärers ist ausgebaut

Das Innenleben der geplanten Ju 188 G-2 mit vergrößertem Bombenraum und bemanntem Heckstand

und direkt vergleichbaren Einsatzmustern Ju 88 und Dornier Do 217 zog man die Ju 188 in der Regel vor.

Nur 1234 Ju 188

Trotz der Erfolge und Beliebtheit bei den Besatzungen verließen bis zur Produktionseinstellung im Februar 1945 nur 1234 Ju 188 die Werkhallen, davon 626 als

Britische Soldaten auf einer leicht zerfledderten Ju 188

Eine Ju 188 D-2 nach Kriegsende in Farnborough mit britischen Hoheitszeichen. Die Maschine wurde ausgiebig untersucht und geflogen, wobei man das Leistungsvermögen und die Flugeigenschaften der 188 zu schätzen lernte

Die kompakte Kabinenauslegung vermittelte der Besatzung besonders in Momenten größter Gefahr ein Gefühl der Zusammengehörigkeit und stärkte den Kampfgeist

Aufklärer. Tatsächlich an die Luftwaffe ausgeliefert wurden bis Februar jedoch nur 874 Maschinen; im Vergleich zu knapp 15 000 gebauten Ju 88 eine mehr als bescheidene Zahl. Doch die Priorität hinsichtlich der Entwicklung, des Ausstoßes und des Einsatzbereichs von Flugzeugen für die Luftwaffe lag 1944 und 1945 in hohem Maße im Jägerbereich beziehungsweise in der Reichsverteidigung.

Die Entwicklung von kampfstarken Bombern, die aufgrund ihrer überlegenen Geschwindigkeit feindlichen Jägern entkommen können, wie sich dies schon einmal bei der Dornier Do 17 Mitte der 1930er-Jahre abzuzeichnen schien, war ein Wunschtraum der Konstrukteure. Und wohl noch mehr der Besatzungen, der sich erst mit dem Einsatz von Strahlflugzeugen wie der Arado Ar 234 für kurze Zeit und wenige Mannschaften erfüllen sollte.

Wiedergeburt in Frankreich

Nach Kriegsende organisierten die französischen Streitkräfte für ihre Marine-Luftwaffe etwa 30 erbeutete Ju 188 und setzte sie im aktiven Dienst ein. Hinzu kamen etwa zwölf aus vorhandenen oder nachgebauten Teilen bei SNCASE in Toulouse hergestellte Maschinen, die teils mit französischen Motoren ausgerüstet wurden. Neun dieser Maschinen verwendete man später als Erprobungsträger.

Junkers Ju 188 E der I./KG 66 mit schwarzem Nachtsicht-Schutzanstrich auf der Unterseite und außergewöhnlichem Tarnmuster auf der Oberseite. Kennung und Hoheitszeichen sind nahezu komplett übermalt

Technische Daten – Junkers Ju 188

Junkers Ju 188	A-2	D2
Einsatzzweck	Horizontal- und Sturzkampfbomber	Fernaufklärer
Besatzung	4	3
Antrieb	2 x Jumo 213 A-1 V-12-Zylinder-Reihenmotor, flüssigkeitsgekühlt	
Startleistung	2 x 1775 PS – ges. 3550 PS 2 x 2240 PS mit MW 50-Einspritzung	
Kampfleistung	2 x 1600 PS in 5500 m 2 x 1880 PS mit GM-1-Einspritzung	
Spannweite	22,00 m	22,00 m
Spannweite Höhenleitwerk	8,00 m	8,00 m
Länge	15,05 m	15,05 m
Höhe	4,44 m	4,44 m
Flügelfläche	56 m²	56 m²
Rüstgewicht	9900 kg	9900 kg
Startgewicht	14 500 kg	15 195 kg
Flächenbelastung max.	259 kg/m²	271 kg/m²
Höchstgeschwindigkeit	425 km/h in Meereshöhe 520 km/h in 6000 m 540 km/h in 6000 m	– – –
Marschgeschwindigkeit	400 km/h in 6000 m	480 km/h in 6000 m
Landegeschwindigkeit	160 km/h 6000 m in 17 min	160 km/h –
Startrollstrecke	720 m 1100 m über 20 m Hindernis	– –
Landerollstrecke	700 m	700 m
Normale Reichweite max.	2400 km	3400 km mit Zusatztanks
Dienstgipfelhöhe	9500 m	10 000 m
Abwehrbewaffnung	A-Stand: 1 x 20 mm MG 151/20 B-1-Stand: 1 x 13 mm MG 131 in Linsenlafette B-2-Stand: 1 x 20 mm MG 151/20 in Drehringlafette C-Stand: 1 x 7,9 mm MG 81 Z	B-1-Stand: 1 x 13 mm MG 131 in Linsenlafette B-2-Stand: 1 x 20 mm MG 151/20 in Drehringlafette C-Stand: 1 x 7,9 mm MG 81 Z
Abwurflast	3000 kg Bomben A-3: 2 x Lufttorpedo LT 1B, je 800 kg, oder 2 x LT F5B, je 765 kg	keine
Ausrüstung	–	2 x Rb 50/30 oder Rb 75/30 für den Tageseinsatz oder 2 x NRb 40/25 oder 50/25 für den Nachteinsatz

Ju 188 A, 3E+PH, der 1. Staffel des KG 6 mit regulärem Sichtschutzanstrich aus RLM 70/71/65

Ju 188 E des KG 6 mit für Nachteinsätze optimiertem, individuellen Tarnanstrich, 1944

Diese Ju 188 D fiel den Briten in offenbar flugklarem Zustand in die Hände. Die Kokarden (etwas anders als üblich ausgeführt) der Royal Air Force unterstreichen den »Halterwechsel«

Hochleistungs-Kampfflugzeug – Teil 1

Junkers Ju 288

Die Ju 288 hatte das Zeug zum hochkarätigen Kampfflugzeug. Sie sollte die Ju 88 ablösen. Doch von Beginn an stand ihre Entwicklung unter einem unguten Stern

Im Juni 1939 schrieb das Reichsluftfahrtministerium (RLM) ein neues Kampfflugzeug aus. Im Rahmen des Bomber-B-Programms sollte ein mittlerer Bomber entwickelt werden, der den gestiegenen Anforderungen der Luftwaffenführung gerecht werden konnte. Neben Heinkel, Dornier, Arado und Focke-Wulf bekamen auch die Junkers Flugzeug- und Motorenwerke (JFM) die Ausschreibungsunterlagen zugesandt.

Seltsames, aber sinnvolles Fluggerät: Ju-288-Kabinen-Erprobung am Bug der Ju 88 V5

LINKS Die noch unlackierte Ju 288 V1 im Oktober 1941 mit Druckkabine und BMW-801-Doppelsternmotoren

RECHTS OBEN Im Windkanal konnten wertvolle Daten ermittelt werden. Der Entwurf ist bereits mit Doppelleitwerk ausgestattet

Foto DLR-Archiv Köln

RECHTS UNTEN Die erste Attrappe der Ju-288-Druckkabine

Der neue Typ sollte künftig die Ju 88 ersetzen, die Mitte 1939 gerade erst bei der Truppe Einzug hielt und dort und nach zur Ablösung der veralteten Muster He 111, Do 17 und Ju 86 bestimmt war. Junkers sah die Chancen, den Nachfolger für die eigene Konstruktion zu stellen, als durchaus hoch an. Denn bereits 1937, also noch während der Erprobungsphase der Ju 88, hatten sich die Junkers-Ingenieure mit einem Folgemuster des Schnellbombers befasst und zahlreiche Entwürfe angefertigt, auf die sie jetzt zurückggreifen konnten.

Auf Grundlage des Projekts EF 73 (78?) begannen bei den JFM unter Hans Wocke die Arbeiten am Bomber-B-Projekt, wozu auch Untersuchungen im Windkanal gehörten.

Ende November 1939 besichtigten RLM-Verantwortliche, darunter auch Generalluftzeugmeister Ernst Udet, die erste Attrappe des neuen Kampfflugzeuges. Besonders die schlanke Drei-Mann-Kabine an der Spitze des nur 97 Zentimeter breiten und 15,30 Meter langen Rumpfes gab den Herren zu denken. Junkers sollte auch eine verbreiterte Variante für vier Mann vorstellen. Die Bezeichnung des Musters lautete inzwischen Ju 288.

Aufgrund der bisherigen Kriegserfahrungen forderte das RLM, das Flugzeug etwas zu vergrößern. Die Bomber-B-Vorgaben vom Mai 1940 lauteten:

- Druckkabine für vierköpfige Besatzung
- Zwei Motoren (Jumo 222 oder DB 604)
- Fernbediente Abwehrbewaffnung
- 600 km/h Höchstgeschwindigkeit
- Bombenwurf im Horizontal- und Sturzangriff
- Reichweite von 3600 Kilometern mit 2000 Kilogramm Abwurflast mit 450 km/h in 6000 Metern
- Dienstgipfelhöhe 10 000 bis 11 000 Meter

Umfangreiche Vorarbeiten

Mit dem Bauauftrag für 20 Versuchsflugzeuge in der Tasche begann Junkers im August 1940 die Konstruktionsarbeiten. Dort hatte man schon Monate vorher zuversichtlich mit dem Bau einzelner, neuartiger Teile begonnen, die an einer ganzen Reihe von Ju 88 und Ju 86 erprobt wurden. So erhielten beispielsweise die Ju 88 V2 und V5 eine Kabinenattrappe der Ju 288 als neuen Bug vor die eigene Kanzel gesetzt, die V5 zudem das Doppelleitwerk der künftigen Ju 288. Die Ju 86 V31 flog mit Glaskuppeln im hinteren Teil ihres Rumpfes, die seitlich am Vorderrumpf der Ju 288 eingebaut werden sollten. In die Wege geleitet hatte diese Vorarbeiten der neue Entwicklungschef von Junkers, Professor Heinrich Hertel, der im Mai 1939 von Heinkel gekommen war, da es mit Ernst Heinkel Differenzen bei der Entwicklung des schweren Kampfflugzeugs He 177 (Bomber A) gegeben hatte.

Hermann Pohlmann war als Typenleiter und damit als Mittler zwischen Entwurf, Konstruktion und Versuch eingesetzt. Nach dessen Erkrankung übernahm Brunolf Baade diese wichtige Tätigkeit.

Als Motorisierung stand fest das hauseigene, von Ferdinand Brandner konstruierte Triebwerk Jumo 222 auf dem Plan. Doch das 24-Zylinder-Aggregat, eine an sich geniale Mischung aus

Der Rumpf der ersten fünf Versuchsmuster, hier die V1, hatte eine Breite von nur 97 Zentimeter einschließlich der Drei-Mann-Kanzel. Die Tragfläche weist noch gerade Hinterkanten im Bereich der inneren Klappen auf

Stern- und Reihenmotor mit kleinstmöglicher Stirnfläche, war nicht termingerecht betriebsbereit. Daher musste man notgedrungen auf den Doppelsternmotor BMW 801 mit dreiblättrigen VDM-Verstell-Luftschrauben zurückgreifen. Der luftgekühlte »801«, der auch das Jagdflugzeug Fw 190 in Schwung hielt, erreichte zu dieser Zeit eine Startleistung von 1600 PS und lag damit deutlich unter den Leistungserwartungen für den Jumo 222, die zunächst mit 2000 PS angegeben wurden.

Begrenzte Flugfreude

Am 23. November 1941 konnte Flugkapitän Siegfried Holzbaur die Ju 288 V1, Werknummer 28800001, D-AACS, erstmals von der Bahn ziehen. Die Flugfreude hielt sich jedoch in Grenzen. Das Verhalten der Zweimot um die Quer- und Hochachse ließ sehr zu wünschen übrig und musste dringend nachgebessert werden. Man setzte vor der Höhenleitwerksflosse ein 70 Zentimeter langes Rumpfstück ein und zog das Rumpfheck stärker nach oben und hinten. Zudem bekam die um 1,45 Meter verlängerte V1 ein vergrößertes Seitenleitwerk. Die Ju 288 V1 befand sich mit verbesserten

Die Ju 288 V2 während der Erprobung mit heller, wahrscheinlich grauer Kennung am Rumpf. Die Abwehrstände auf dem Rumpfrücken und unter dem Rumpf sind lediglich Attrappen. Im Hintergrund steht die Ju 88 V16, die zu Testzwecken für die Ju-288-Entwicklung benutzt wurde

Der Platz des Piloten im schlanken Führerraum der Ju 288 A mit zurückgeklappter Sitzlehne

Mit der Ju 288 V1, W.Nr. 28800001, D-AACS, flog Flugkapitän Siegfried Holzbaur erstmals am 23. November 1941

Flugeigenschaften seit Januar 1941 wieder in der Erprobung, als am 2. März während des Landeanfluges plötzlich die linke Fläche brannte. Zwei Mann der Besatzung sprangen noch während des Ausrollens aus der Maschine, deren Kanzel wegen des abgeworfenen hinteren Kabinendachs stark qualmte. Nachdem auch Flugzeugführer Holzbaur die V1 verlassen hatte, sackte die schwere Druckkabine nach unten und trennte sich fast vollständig vom Rumpf. Die Ursache war eine gebrochene Kraftstoffvorlaufleitung. Dadurch entzündete sich Benzin auf den heißen Auspuffrohren, und die Maschine fing Feuer. Die Ju 288 V1 galt praktisch als Totalschaden.

Das zweite Ju-288-Versuchsmuster war am 1. März zum Jungfernflug gestartet, wurde dann aber wegen des V1-Unfalls überarbeitet. Ab Ende März konnte die Ju-288-Erprobung mit der V2 fortgeführt werden. Da die Querstabilität noch immer nicht befriedigte, beschlossen die Junkers-Ingenieure massive Veränderungen im Bereich der inneren Landeklappen vorzunehmen. Diese Maßnahme sollte mit der V6 erstmals erprobt werden.

Danach zeigte sich die »288« etwas problemloser: So konnte die am 18. April 1941 erstmals geflogene V3 die 100-Stunden-Dauererprobung erfolgreich hinter sich bringen. Auch eine Einmotorenlandung sowie Bombenabwürfe verliefen zufriedenstellend. Piloten der Erprobungsstelle Rechlin bescheinigten der Ju 288 gute Flugeigenschaften.

Als erste Ju 288 erhielt die im Mai 1941 flugklare V4 Sturzflugbremsen. Wie die Ju 88, wurde die Ju 288 auf Verlangen des RLM sturzflugfähig ausgelegt. Die dafür notwendigen, gitterartigen Sturzflugbremsen waren oben wie unten in den äußeren Landeklappen montiert.

Unglaublich leistungsfähig

Im Frühjahr 1941 standen die ersten Jumo 222 samt Junkers-Vierblatt-Luftschrauben bereit für den Einbau in die V5. Zum Ausgleich des Drehmoments gab es grundsätzlich zwei Motorversione: eine linksläufige und eine rechtsläufige (A/B). Die Maschine erhielt auch neue Propellerhauben, sogenannte Doppelhauben, die mehr Geschwindigkeit bringen sollten. Der Vorteil fiel jedoch so gering aus, dass die Hauben nicht in Se-

Wahrscheinlich die Ju 288 V3. Seitlich unten am Rumpf ragt das Periskop für den hinteren Waffenstand heraus. Das mit Doppelrädern versehene Fahrwerk wurde geknickt nach hinten eingefahren

rie gingen. Triebwerksprobleme verzögerten den Erstflug der V5 jedoch bis 8. Oktober 1941.

Bis Ende 1942 konnte die Ju 288 – trotz wiederholten Schwierigkeiten mit dem Jumo 222 – zeigen, was in ihr steckt. Flugkapitän Joachim Matthies war von ihrer Leistungsfähigkeit sehr beeindruckt: »Selbst im Einmotorenflug ließen sich Steigrollen fliegen, die Maschine war unglaublich wendig und leistungsfähig.«

Vergrößerte A-Version

Die für den Serienbau vorgesehene A-Version mit Drei-Mann-Kabine, wie sie mit den V-Flugzeugen V1 bis V5 erprobt wurde, passte schon Mitte 1940 nicht mehr in das Einsatzkonzept der Luftwaffe: Die Ju 288 musste gemäß den neuen Anforderungen für eine größere Bombenlast und stärkere Abwehrbewaffnung umgebaut werden. Sie erhielt eine gänzlich neue Tragfläche, die nun auch die ohnehin vorgesehenen Ände-

Das traurige Ende der Ju 288 V1 nach dem Flächenbrand am 2. März 1941 in Dessau

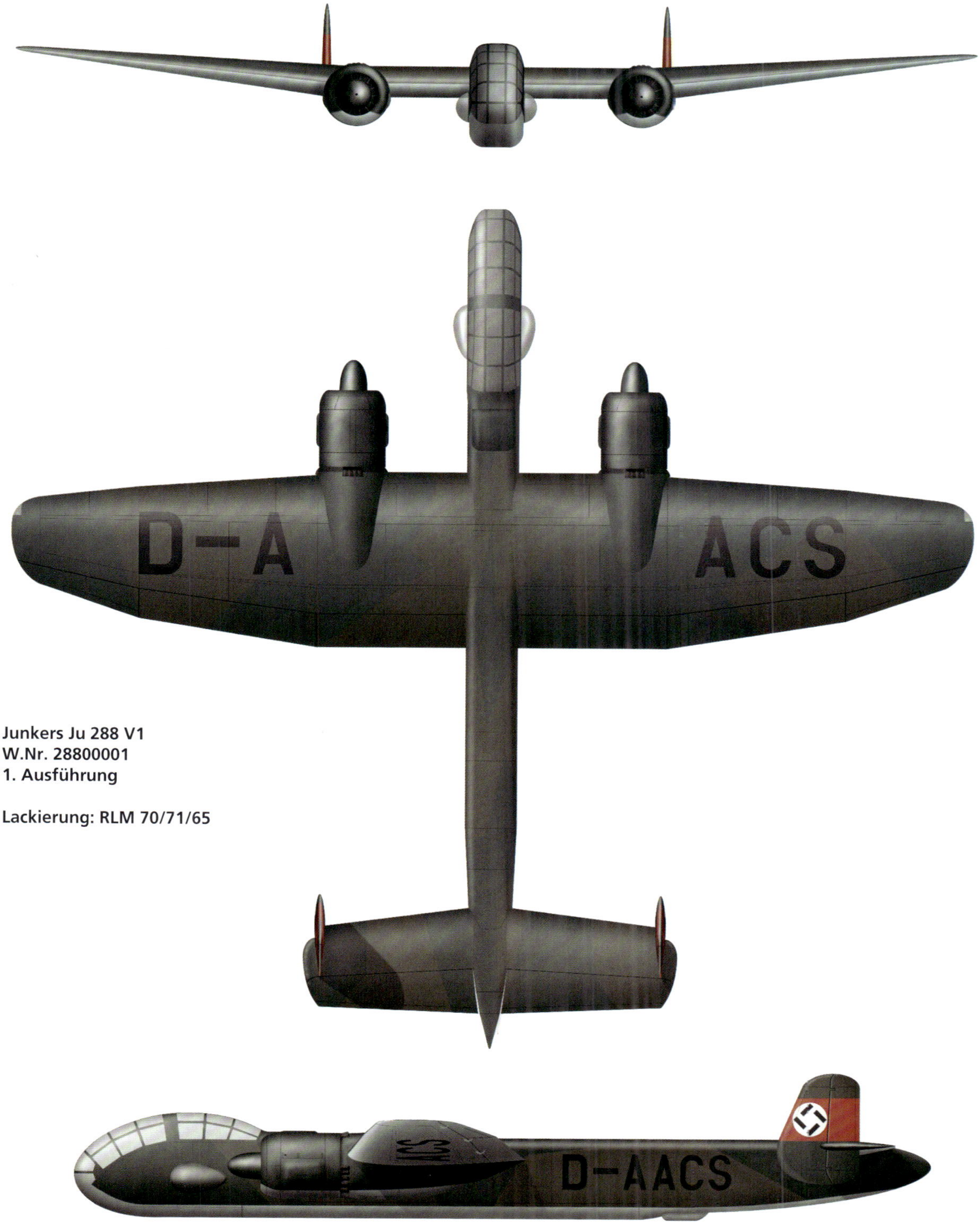

Junkers Ju 288 V1
W.Nr. 28800001
1. Ausführung

Lackierung: RLM 70/71/65

© Herbert Ringlstetter – Aviaticus.com

Technische Daten – Junkers Ju 288

Ju 288	V5 (A)
Einsatzzweck	Mittleres Kampfflugzeug
Besatzung	3
Antrieb	2 x Jumo 222 A/B 24-Zylinder-Reihen-Sternmotor – flüssigkeitsgekühlt
Startleistung	2 x 2000 PS – ges. 4000 PS
Volldruckhöhe	6100 m
Spannweite	22,00 m
Länge	11,65 m
Höhe	4,60 m
Flügelfläche	59,0 m²
Rüstgewicht	11 000 kg
Startgewicht	16 700 kg
Flächenbelastung max.	283 kg/m²
Höchstgeschwindigkeit	660 km/h in 6100 m
Marschgeschwindigkeit	565 km/h in 8500 m
Landegeschwindigkeit	150 km/h
Anfangssteigleistung	7,1 m/sec
Startrollstrecke	690 m
Landerollstrecke	650 m
Reichweite	4000 km mit 2000 kg
Dienstgipfelhöhe	11 000 m
Abwehrbewaffnung – Beispiel unterschiedliche Bestückung möglich	B-Stand: 2 x MG 131 – 13 mm C-Stand: 2 x MG 131 – 13 mm H-Stand 1 x MG 151 – 15 mm
Abwurflast max.	4000 kg

Freudiges Gruppenbild: Während der Dauererprobung der Ju 288 V3 im Juli 1941 nach 100 absolvierten Flügen

Alle Waffenstände der Ju 288 funktionierten fernbedient, hier der B-Stand mit zwei MG 131, Kaliber 13 mm

Die V5 wurde erstmals mit Jumo 222 ausgerüstet. Außerdem erhielt die Maschine Doppel-Propellerhauben, die die Geschwindigkeit etwas erhöhten. Der Durchmesser der Junkers-VS-7-Vierblatt-Verstellluftschrauben betrug stattliche vier Meter

rungen im Bereich der inneren Klappen erfuhr. Die Spannweite wuchs von 20 auf 22,65 Meter. Der Rumpf wuchs in die Höhe und Länge. Zudem bekam die Maschine ein verbessertes Fahrwerk. Das maximale Abfluggewicht sollte nun bei 18,5 Tonnen liegen.

Die Flugeigenschaften der stark überarbeiteten Ju 288 waren immer noch recht gut, wenngleich sie durch die größere Fläche und das erhöhte Gewicht an Wendigkeit verloren hatte. Die Ju 288 V6 flog am 18. Januar 1942 als erstes Versuchsflugzeug dieser Ausführung. Auch sie war mit Jumo 222 ausgerüstet, die jedoch weiterhin große Schwierigkeiten bereiteten. Auch die V-Maschinen V7, V8, V10 und V12 gehörten zur A-Serie.

Fernbediente Bewaffnung

Für die Ju 288 war von vornherein eine fernbediente Abwehrwaffenanlage vorgesehen. Erste Einbauten wurden Ende 1941 in der V3 vorgenommen, die eine Hecklafette FHL 151/1, bestückt mit einem MG 151, erhielt. Auf dem Rumpfrücken hinter der Kabine wurde die Drehlafette FDL B 131/2 als B-Stand erprobt. Ausgerüstet war er mit zwei MG 131. In gleicher Form war die Ausrüstung des unter dem Hinterrumpf liegenden C-Standes geplant. Die Entwicklung eines geeigneten Periskopes und Fernrichtantriebs gestaltete sich aufwendig und schwierig, konnte aber von den Firmen Zeiss und Rheinmetall-Borsig gemeistert werden. Die Bestückung der Waffenstände variierte, vorgesehen waren dafür jedoch die Waffen MG 131 (13 mm), MG 151 (15 mm) und 151/20 (20 mm) sowie MG 81 (7,92 mm).

Der langgezogene Bombenschacht konnte alle gängigen Bombenkaliber sowie Luftminen aufnehmen. Außenlasten galt es wegen des Fahrtverlustes zu vermeiden.

OBEN Äußerst schlank gehalten: Die Ju 288 V1 mit geöffnetem Bombenschacht

RECHTS Führerraum der Ju 288 V2. Die Kanzeln der ersten fünf Versuchsflugzeuge waren sehr ähnlich ausgestattet

Eine Frage des Antriebs – Teil 2

Junkers Ju 288

Die Anforderungen der Luftwaffe waren nochmals gestiegen und führten zu den Versionen Ju 288 B und C. Mit der ursprünglichen Einsatzidee hatte zumindest die C-Version kaum mehr etwas zu tun

Die Forderungen des Reichsluftfahrtministeriums (RLM) wechselten immer wieder und verzögerten zusehends die Entwicklung zur Einsatzreife der Ju 288. Junkers musste das potente Muster umgestalten. Die A-Variante mit der schmalen Kabine für drei Besatzungsmitglieder sollte inzwischen nicht mehr, wie zuletzt geplant, in geringer Stückzahl gebaut werden. Die V12 wurde gar nicht mehr fertiggestellt.

Die Versuchsmuster Ju 288 V7, V8, V10 und V11, die außer der V7 alle mit Jumo 222 ausgerüstet waren, blieben jedoch in der Erprobung. Sie lieferten auch

Die Attrappe für die neue Vier-Mann-Druckkabine

für die folgende Version mit Vier-Mann-Druckkabine wertvolle Daten.

Um Schwierigkeiten während heikler Testflüge im Hochgeschwindigkeitsbereich zu vermeiden, wurde die mit Drei-Mann-Druckkabine ausgerüstete Ju 288 V7 wieder mit BMW-801-Motoren bestückt. Ziel der Erprobung war, die Schwingungs- und Flatterneigung der neuen Tragfläche zu untersuchen. Wegen der Gefährlichkeit der Flüge erhielt die V7 einen Schleudersitz, doch Siegfried Holzbaur hatte während der folgenden Flüge keinen Grund, den Platz in der Ju 288 zu räumen. Dabei erreichte der erfahrene Einflieger im Sturzflug bis zu 875 km/h, was deutlich für die hervorragende Junkers-Konstruktion sprach. Weitere Ergebnisse mit der V8 führten zu einer Verstärkung der Flächenstruktur.

Neue Serie Ju 288 B

Das RLM hatte abermals andere Pläne mit der Ju 288. Von vorneherein war die mit drei Mann Besatzung fliegende Version skeptisch gesehen worden. Man hatte Junkers gebeten, auch eine Ausführung für eine vierköpfige Mannschaft zu entwickeln, in der zwei Soldaten nebeneinander sitzen konnten.

Zudem forderte das RLM eine größere Bombenlast, was eine neuerliche Umkonstruktion der Maschine, deren Gewicht dadurch stetig wuchs, nach sich zog: Der Rumpf wurde erneut verlängert, und die Seitenleitwerksflossen und -ruder wurden etwas nach innen geneigt. Bewaffnungstechnisch sah man jetzt einen A-Stand unterhalb der Kabine vor. Die zuvor unter dem Hinterrumpf angelegte Drehlafette fiel weg. Der Heckstand sollte ein MG 151 erhalten.

Die Attrappe für die viersitzige, tropfenförmig ausgeführte Höhenkammer konnte Ende 1940 begutachtet werden. Die Sichtkuppeln der schmalen Version entfielen und wurden durch flache

Versuchsflugzeug für die geplante B-Serie: Ju 288 V14 mit Jumo 222, Ende 1942. Die Maschine ist in RLM 70/71/65 lackiert, dem Standard-Sichtschutzanstrich für über Land eingesetzte Kampfflugzeuge

Die Ju 288 V9 war die erste »288« mit der vergrößerten Vier-Mann-Druckkabine und flog erstmals am 5. April 1942

Scheiben ersetzt. Die Vorbereitungen für die Serienproduktion liefen bei Junkers auf Hochtouren.

Das Musterflugzeug für die B-Serie, die Ju 288 V9, flog erstmals am 5. April 1942. Angetrieben wurde die V9 von Jumo 222, die inzwischen je 2500 PS Startleistung an die Vierblattpropeller abgaben. Am guten Flugverhalten hatte sich im Vergleich zur V6 nicht viel geändert. Obwohl sie schwerer und größer war, begeisterte die Ju 288 ihre Piloten nach wie vor.

Das Aus für den Jumo 222

Auch die neue Ju-288-Variante sollte den von Anfang an favorisierten Jumo 222 als Antrieb erhalten. Mit seiner geringen Stirnfläche, seinem niedrigen Gewicht und seiner großen Literleistung schien der 24-Zylinder-Motor, dessen Entwicklung 1937 begonnen hatte, das ideale Aggregat für die Ju 288 zu sein. Doch der Motor bereitete auch 1941 noch erhebliche Schwierigkeiten. Die ersten V-Muster der Ju 288 erhielten deshalb noch BMW-801-Doppelsternmotoren. Otto Mader, Entwicklungschef der Junkers Motorenwerke, sicherte die Serienproduktion ab Mitte 1942 zu. Für die Verantwortlichen des RLM, die sich Ende August 1941 ein Bild vom derzeitigen Reifestand machten, war dies zu spät, unsicher blieb, ob der »222« wirklich einsatzbereit sein würde. Die Vorbereitungen für den Serienbau von 5000 Jumo 222 wurden zunächst gestoppt, seine Entwicklung sollte mit geringeren Mitteln weiterlaufen. Junkers sollte sich auf den Jumo 213 konzentrieren, den Nachfolger des in Serie produzierten Bombermotors Jumo 211, der die Typen Ju 88 und Ju 87 antrieb. Besonders an der Ostfront waren funktionierende Flugzeuge samt Motoren vonnöten.

Das eigens errichtete Flugmotorenwerk Ostmark bei Wien, in dem der Jumo 222 produziert werden sollte, musste an Daimler-Benz abgetreten werden, die dort den neuen DB 603 fertigen wollten. Doch Daimler-Benz war nicht in der Lage, die nötigen Rahmenbedingungen für eine funktionierende Produktion zu schaffen.

Letztes Versuchsflugzeug für die geplante B-Serie mit Jumo 222 wurde die

Sehr schnell und leistungsfähig: Auch die Ju 288 V9 galt noch als hochkarätiges Kampfflugzeug. Sie war zwar nicht mehr so wendig wie die ersten V-Muster, doch zeigte sie sich fliegerisch einwandfrei

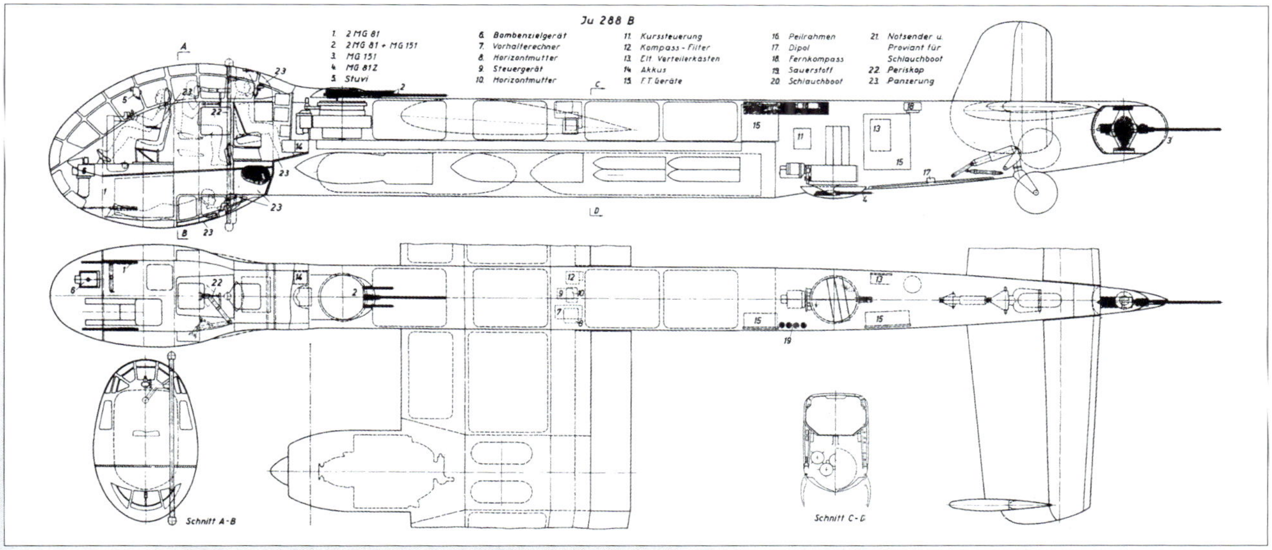

Entwurf zur Ju 288 B mit der zuerst geplanten Kabinenausführung mit Bodenwanne, die aber nicht gebaut wurde

V14, die noch im November 1942 flog. Sie wurde im April 1943 zusammen mit der V9 an die Junkers Motorenwerke abgegeben.

Neuer Motor

Der Jumo 222 fiel als serienmäßige Antriebsquelle für die Ju 288 weg: Als Ersatz fiel die Wahl auf den Doppelmotor DB 606, der aus zwei aneinander gekoppelten DB 601 bestand. Die V11, die vormals für Jumo 222 bestimmt war, erhielt als erste Ju 288 den neuen Motor und musste entsprechend auf die größeren und weitaus schwereren DB 606 umgebaut werden. Die anderen für die B-Serien-Erprobung vorgesehenen Flugzeuge V17 bis V20 wurden nicht mehr fertiggestellt.

Laut RLM sollte die Ju 288 eine höhere Bombenlast aufnehmen können und über eine stärkere Abwehrbewaffnung samt Panzerung verfügen. Die Waffen sollten allesamt per Periskop und Fernantrieb lenkbar sein. Um die Vorgaben des RLM zu erfüllen, mussten sowohl das Fahrwerk als auch die Flächenstruktur verstärkt werden. Außerdem vergrößerte man das Seitenleitwerk. Diese neu entstandene Ju 288 C brachte ein wesentlich höheres Gewicht auf die Waage.

Da es bei Heinkel mit den Doppelmotoren zu erheblichen Schwierigkeiten und vielfachen Triebwerksbränden gekommen war, widmete sich Junkers dem Motoreneinbau besonders sorgfältig.

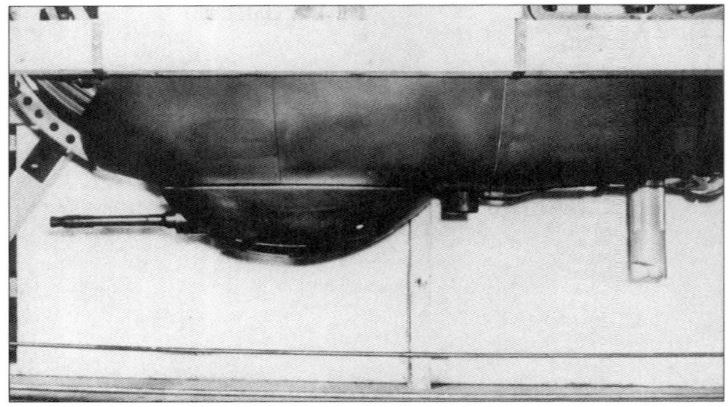

OBEN LINKS UND RECHTS **Die beiden MG 131 des B-Standes der Ju 288 C wurden per Periskop und Fernantrieb bedient**

RECHTS MITTE **Ab der B-Serie wurde ein A-Stand unterhalb der Kabine eingebaut. Rechts ragt das Periskop aus dem Rumpf, mit dem der Schütze das Ziel ins Auge fasste**

Den Jungfernflug mit DB 606 absolvierte die V11 am 9. Juli 1942. Wegen eines Kolbenschadens an einem der »606« wurde dieser gegen einen DB 610 aus zwei DB 605 ausgetauscht. Auch in der V13, mit der unter anderem eine neuartige Landeklappensicherung getestet wurde, funktionierten die DB-Triebwerke zufriedenstellend, bis auf den 16. Mai 1943: Flugingenieur Gödecke wurde erheblich verletzt, als beide DB 606 ausfielen und er die Maschine notlanden musste. Die V13 wurde nicht wieder aufgebaut.

Als erstes Musterflugzeug für die 1941/42 noch geplante C-Serie startete die Ju 288 V101 am 30. Oktober 1942 mit zwei DB 606. Die Maschine wurde intensiv geflogen. Unter anderem testete man eine Höhenflossen-Nachlauftrimmung, die dem Flugzeugführer leidige Trimmarbeit abnahm. Im April 1943 wurde sie mit einer Heckstand-Attrappe ausgerüstet, die mit vier MG 131 bestückt war. Im Januar 1943 stieß die mit zwei DB 610 motorisierte V102 zum Erprobungsprogramm. Die beiden Motoren mit jeweils 2950 PS Startleistung machten der Maschine trotz hohen Gewichtes ordentlich Dampf. Einflieger Pancherz konnte die V102 sogar einmotorig problemlos durchstarten. Mit halb gefüllten Tanks und ohne Bomben erreichte die V102 in 6000 Metern eine Höchstgeschwindigkeit von beachtlichen 630 km/h. Die DB-Motoren, die der Heinkel He 177 so große Probleme bereitet hatten, schienen in der Ju 288 generell gut zu funktionieren.

Im September 1942 ordnete das RLM Junkers an, die Druckkabine zu entfer-

Die V103 mit DB-610-Motoren war eines der Musterflugzeuge für die Serie Ju 288 C-1 ohne Druckkabine. Der B-Stand ist im Vergleich zur B-Version weiter nach hinten verlegt, im Heck-Stand war ein MG 151 vorgesehen. Der unter dem Rumpf montierte C-Stand sollte zwei MG 131 aufnehmen

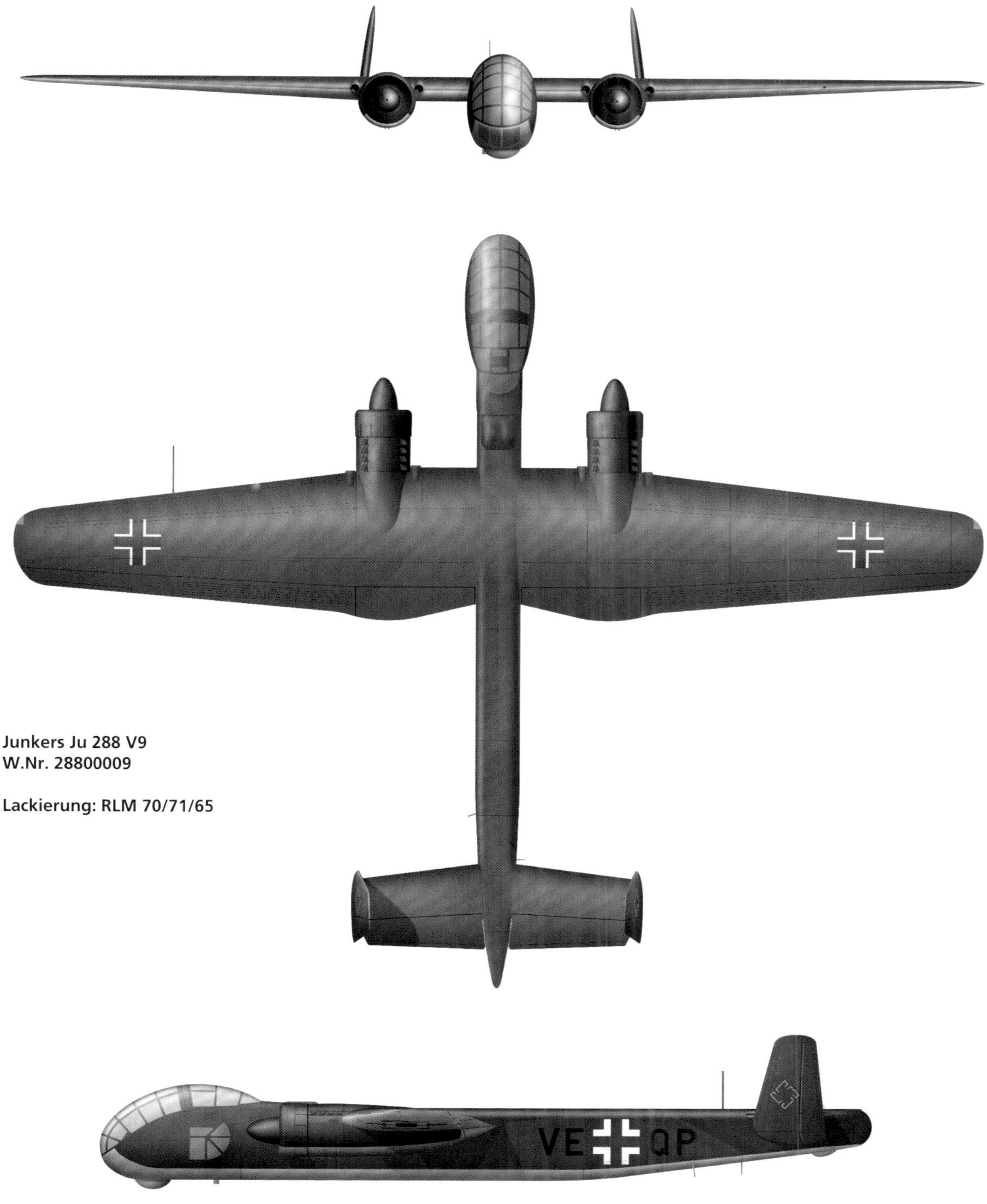

Junkers Ju 288 V9
W.Nr. 28800009

Lackierung: RLM 70/71/65

© Herbert Ringlstetter – Aviaticus.com

Die V107 aus der C-0-Serie mit DB 610 bei Probeläufen. Mit der B-Version erhielten alle Ju 288 ein schräg stehendes Seitenleitwerk

nen und der Ju 288 den vormals vorhandenen C-Stand unter dem Hinterrumpf als zusätzliche Defensiv-Bewaffnung zurückzugeben. Daher waren die Versuchsflugzeuge V103, V104 und V105 als Musterflugzeuge für die Ju 288 C-1 ohne Druckkabine geplant. Drei bereits im Bau befindliche C-0-Vorserien-Maschinen mit Druckkammern erhielten die nachträglichen V-Nummern 106 bis 108. Mit den drei letzten Ju 288 wurden weitere Erprobungsflüge durchgeführt. Die Ju 288 V108 erhielt den für die Serie vorgesehenen Waffeneinbau, jedoch ohne C-Stand. Ein Folgeauftrag für den Serienbau der Ju 288 blieb aus.

Aus dem ehemals mittleren, agilen Kampfflugzeug Ju 288 war über die Jahre zusehends ein Einsatzflugzeug geworden, das mit der Version C eher dazu geeignet schien, das schwere Kampfflugzeug He 177 abzulösen als die wesentlich leichtere Ju 88, die ab 1943 teilweise durch die Notlösung Ju 188 ersetzt wurde.

Auch die beiden Konkurrenz-Entwürfe Focke-Wulf Fw 191 und Dornier Do 317, von denen Versuchsflugzeuge gebaut wurden, brachten es nicht zur Serieneinführung. Zudem waren beide Typen der Ju 288 leistungsmäßig unterlegen.

Obwohl man sich von der Ju 288 in der anfänglichen Konzeption viel versprach, scheiterten die Ju 288 und der Jumo 222 – seine Entwicklung wurde Anfang 1945 endgültig abgebrochen – an den zeitlichen Vorgaben des Kriegsverlaufes und den daraus resultierenden Einsatzbedürfnissen.

Technische Daten – Junkers Ju 288

Ju 288	V9 (B)	V101 (C)
Einsatzzweck	Mittleres Kampfflugzeug	
Besatzung	4	4
Antrieb	2 x Jumo 222 A-01/B-01 24-Zylinder-Reihen-Sternmotor – flüssigkeitsgekühlt	2 x DB 610 A/B 2 x V-12-Zylinder-Reihenmotor – flüssigkeitsgekühlt
Startleistung	2 x 2500 PS – ges. 5000 PS	2 x 2950 PS – ges. 5900 PS
Kampfleistung	–	2 x 2150 PS – ges. 4300 PS bei 2300 U/min
Spannweite	22,60 m	22,60 m
Länge	18,10 m	18,15 m
Höhe	5,00 m	5,00 m
Flügelfläche	64,7 m²	64,7 m²
Startgewicht max.	21 200 kg	23 000 kg
Flächenbelastung max.	328 kg/m²	337 kg/m²
Höchstgeschwindigkeit	525 km/h in 6000 m	655 km/h in 6800 m
Marschgeschwindigkeit	545 km/h in 6000 m	520 km/h in 6800 m
Landegeschwindigkeit	175 km/h	175 km/h
Anfangssteigleistung	6,2 m/sec	8,2 m/sec
Steigleistung	4000 m in 10,0 min 6000 m in 16,5 min 8000 m in 27,0 min	– – –
Startrollstrecke	1100 m	1200 m
Landerollstrecke	1000 m	1000 m
Reichweite	3600 km	3800 km
Dienstgipfelhöhe	9400 m	10 370 m
Abwehrbewaffnung – Beispiel unterschiedliche Bestückung möglich	A-Stand: 2 x MG 131 – 13 mm B-Stand: 2 x MG 131 – 13 mm H-Stand: 1 x MG 151 – 15 mm	A-Stand: 2 x MG 131 – 13 mm B-Stand: 2 x MG 131 – 13 mm H-Stand: 4 x MG 131 – 13 mm
Abwurflast	3000 kg	3000 kg

Vorbildliche Konstruktion

Die Leistungsfähigkeit der Ju 288 kam nicht von ungefähr. Der Ganzmetall-Entwurf war äußerst durchdacht und konstruktiv ausgefeilt.

Der im größten Bereich nur 99 Zentimeter breite Rumpf des freitragenden Schulterdeckers war in drei Baugruppen unterteilt, wobei die mittlere im oberen Bereich vier Kraftstofftanks aufnahm. Darunter befand sich der 7,9 Meter lange Bombenschacht mit seiner durchgehend zweigeteilten Klappe. Das Heck nahm die Höhenflosse auf und brachte einen Großteil der Ausrüstung unter. Dem Bombenraum schloss sich unmittelbar die Druckkabine mit doppelten Plexi-

RECHTS **Auffällig sind die Sichtkuppeln in den Kabinenseiten, wie sie auch in Maschinen mit Drei-Mann-Kabine verbaut waren, bei den erweiterten Druckkammern aber nicht zu finden sind**

GANZ RECHTS **Heckstand FHL 131 in der Ju 288 V101, der im April/Mai 1943 erprobt wurde**

glasscheiben an, die der Besatzung sehr gute Sichtverhältnisse bot.

Die Fläche besaß einen durchlaufenden Hauptholm, an den sich nach vorne der Nasenkasten anschloss, sowie einen Hilfsholm, der mit den Rumpfwänden verbunden war und zum Anschluss des Endkastens diente. An diesem verliefen die Klappen und Querruder über die gesamte Hinterkante, wobei ein Teil der Landeklappen auch als Düsenquerruder wirkte. Sechs in die Flügel integrierte selbstdichtende Treibstoffbehälter nahmen insgesamt 3280 Liter Sprit auf.

Um ein besseres Schussfeld für den B-Stand auf dem Rumpfrücken zu erreichen, war das Seitenleitwerk als Endscheiben-Leitwerk ausgeführt.

Das Fahrgestell war komplett einziehbar, wobei das Hauptfahrwerk gefaltet nach hinten in den Motorgondeln und das Spornrad komplett verkleidet im Rumpf verschwand. ◄

MITTE UND UNTEN **Die aufgebockte Ju 288 V11 mit DB 606 im Mai 1942 während der Standlauf-Erprobung auf dem Werksgelände der Junkers Motorenwerke**

■ Schnell in großen Höhen – Teil 1

Junkers Ju 388

Mit der Ju 388 vollendete Junkers die mit der Ju 88 begonnene Entwicklungsreihe eines Mehrzweck-Kampfflugzeuges. Als direkter Abkömmling der Ju 188 war die Ju 388 speziell auf den Einsatz in großen Höhen ausgelegt

Die Ju 388 beruhte auf der Ju 188, die bei den Besatzungen beliebt war. Die Aufnahme zeigt Ju 188 D-2 der Fernaufklärungsgruppe 124 in Kirkenes/Norwegen

Die Notwendigkeit eines schnellen Mehrzweck-Kampfflugzeuges für große Höhen trat 1943 immer eindringlicher zutage, doch geeignete Muster ließen auf sich warten.

Bei den Junkers Flugzeug- und Motorenwerken (JFM) verlief die Entwicklung der Ju 288 im Rahmen des Bomber-B-Programmes äußerst schleppend. Aufgrund der sich verschlechternden Kriegslage beschloss das Technische Amt des Reichsluftfahrtministeriums (RLM) im Juni 1943 das Programm einzustellen. Es schien inzwischen zu aufwendig, ein gänzlich neues Kampfflugzeugmuster herzustellen.

So wurden Überlegungen laut, auf die bereits vorhandene sowie im Frontdienst bewährte Ju 188 zurückzugreifen und das Flugzeug speziell für den Einsatz in Höhen von zehn bis zwölf Kilometer zu optimieren. Ziel war es, eine möglichst hohe Geschwindigkeit in der Volldruckhöhe ihrer Motoren zu erreichen. So könnte mit relativ geringem Aufwand ein den Erfordernissen entsprechendes Muster in absehbarer Zeit in Produktion gehen. Die Maschine sollte als Zerstörer für den Tages- und Schlechtwettereinsatz sowie Nachtjäger als Ju 388 J, in der Bomberrolle unter der Bezeichnung Ju 388 K sowie als Fernaufklärer Ju 388 L einsetzbar sein. Das RLM beauftragte Junkers daraufhin mit dem Bau von zunächst zehn, dann 20 Vorserienflugzeugen L-0.

Als erstes Flugzeug des unter der Bezeichnung »Hubertus« laufenden Höhenkampfflugzeug-Programms, flog am 22. Dezember 1943 die Ju 388 L-0 V7, PG+YA, Werknummer 300001. Gefertigt wurde die Maschine in Merseburg unter Verwendung von Großbauteilen der Ju 188 aus der laufenden Serie.

Der Werkserprobung folgte die Untersuchung der Ju 388 L-0 V7 bei der Erprobungsstelle Rechlin, wo sie überwiegend positiv beurteilt wurde. Wie die Ju 188 zeigte auch die Ju 388 L-0 V7 gute Flugeigenschaften.

Bewährtes wird beibehalten

Auffälligstes Unterscheidungsmerkmal gegenüber der Ju 188 war die neu konstruierte Druckkabine, Höhenkammer genannt. Junkers konnte diesbezüglich bereits auf hinreichend Erfahrung zurückblicken. So waren in den Mustern Ju 49, EF 61, Ju 86 P und R (Höhenaufklärer) und auch in der Ju 288 bereits Druckkabinen mit Erfolg verwendet worden. Der Attrappenbau für die spätere Druckkabine der Ju 388 hatte schon im September 1942 im Zuge der Weiterentwicklung der Ju 188 begonnen. Ein Abwehrstand (B-Stand) auf dem Kanzeldach wie bei der Ju 188 wurde aus aerodynamischen Gründen nicht mehr vorgesehen. Auch die Liegewanne unter der Kabine entfiel. Der Rest des Rumpfes wurde belassen.

Tragflächen sowie Höhen- und Seitenleitwerk wurden komplett von der Ju 188 übernommen, so auch das Fahrwerk, das ursprünglich von der Ju 88 stammte.

Das zweite Flugzeug dieser Reihe erhielt bereits eine langgezogene Wanne unter dem Rumpf. Sie wurde im Sommer 1944 an die E-Stelle Rechlin abgegeben, wo sie zur Erprobung von Höhentriebwerken genutzt wurde. In Dessau wurde zudem eine Reihe von Versuchsflugzeugen für die drei Konfigurationen Ju 388 J-1, K-1 sowie L-1 gefertigt.

Als schnellstmöglicher Antrieb für die Ju 388 verwendete Junkers den BMW 801 TJ, der speziell für den Einsatz in großen Höhen mit einem Abgasturbolader ausgestattet und auf eine Volldruckhöhe von neun Kilometern ausgelegt war. Der

LINKS **Vorserienmaschine Ju 388 L-0, W.Nr. 3000291, im April 1944. Praktisch handelt es sich bei der »388« um eine Version der Ju 188, da deren Zelle nur in Details verändert wurde. Neu an der Ju 388 war die Druckkabine**

RECHTS UND UNTEN **Der sogenannte Kampfkopf war bei der Ju 388 als Druckkabine ausgebildet, die als Großbauteil gefertigt wurde und über vier Kugelverschraubungen am Rumpf angeschlossen war. Die Kabine auf dem unteren Bild ist sichtbar beschädigt (Bruchversuch?)**

Eine frühe Ju 388 bei der Endmontage. Bis auf die Motorverkleidungsbleche ist das Flugzeug bereits komplett mit einem Sichtschutzanstrich versehen. Auf der Flügelunterseite ist auch ein Balkenkreuz zu erkennen

Auf manchen Aufnahmen nahezu weiß wirkend, ist hier deutlich der Kontrast der Farben RLM 02 (oben) und RLM 65 (76?) zu sehen. Die Kanzelstreben waren schwarz RLM 66 lackiert. Unter dem Rumpf ist der an frühen Ju 388 installierte Waffentropfen zu sehen

luftgekühlte 14-Zylinder-Doppelsternmotor lieferte eine Startleistung von 1615 PS, die er an eine vierblättrige, verstellbare VDM-Luftschraube aus Metall mit einem Durchmesser von 3,7 Meter übertrug. Die Ju 388 L-0 musste allerdings noch mit Dreiblattpropellern auskommen. Der BMW 801 TJ-0 war für die Versionen Ju 388 J-1, K-1 und L-1 bestimmt. Teilweise erhielten Ju 388 auch den BMW 801 TJ-1 mit 1810 PS. Doch wurden von diesem Motor nur noch wenige bis Kriegsende ausgeliefert.

Für die Ausführungen Ju 388 J-2, K-2 und L-2 sah man dagegen den Jumo 222 mit einstufigem Lader und Zweigangschaltgetriebe vor. Das 24-Zylinder-Aggregat war eine Mischung aus Stern- und Reihenmotor mit kleinstmöglicher Stirnfläche. Die für Mitte 1945 erwartete Version Jumo 222 E/F verfügte über einen Zweistufenlader und eine hydraulische Kupplung. Der Motor leistete in neun Kilometer Höhe satte 1940 PS und in elf

RECHTS **Die Ju 388 L-0 mit BMW 801 J-0 war als Höhenaufklärer (L) ausgelegt und erhielt möglicherweise deshalb eine sehr helle Lackierung. Die Maschine ist mit Dreiblattpropellern ausgerüstet, während an späteren Ju 388 vierblättrige Luftschrauben montiert waren**

Kilometer immerhin noch 1680 PS. Seine Startleistung betrug 2500 PS.

Als dritte Antriebsvariante, gedacht für die Ausführungen Ju 388 J-3, K-3 und L-3, war der ebenfalls hauseigene Höhenmotor Jumo 213 E mit zweistufigem Dreiganglader geplant. Für die nötige Kühlung von Schmierstoff und Ladeluft sorgte ein Wärmetauscher. Die Startleistung des hängenden V-12-Zylindermotors betrug 1750 PS. Er war auf eine Volldruckhöhe von 9600 Metern ausgelegt und erreichte in zehn Kilometern noch eine Leistung von 1320 PS. Mittels MW-50-Einspritzung konnten zusätzliche 300 PS mobilisiert werden. Da der Jumo 213 den niedrigsten Verbrauch der drei Motoren aufwies, war mit ihm die größte Reichweite zu erwarten.

Fernbedienter Heckstand

Zur Abwehr feindlicher Jäger kam ein Heckstand in Form einer ferngelenkten Hecklafette FHL 131 Z zum Einbau. Diese war für alle Ausführungen der Ju 388 vorgesehen. Für den Einbau des Heckstandes wurde das Rumpfende etwas verbreitert und das Seitenruder im unteren Bereich gekürzt. Spätere mit FHL 131 ausgerüstete Ju 388 erhielten ein vergrößertes Seitenleitwerk. Bestückt war die FHL 131 Z mit zwei 13-mm-MG-131. An Munition lagen 600 Schuss je Lauf vorrätig. Bedient wurden die übereinander angeordneten Waffen vom Bordschützen über ein in der Kabine installiertes Periskopvisier PVE 11, eine Gemeinschaftsentwicklung von Zeiss und Junkers. Das innovative Lenksystem FA 15 (Fernantrieb Typ 15) hatte zunächst große Schwierigkeiten bereitet

Die noch nicht fertig ausgestattete Druckkabine einer Ju 388. Zur Druckerhaltung wurde gereinigte Ladeluft benutzt

Blick auf den Arbeitsplatz des Flugzeugführers in einer Ju 388. Die Kabine bot der Besatzung ein gutes Sichtfeld

und blieb auch später noch anfällig für Störungen. Überdies stellte sich heraus, dass bei hohen Geschwindigkeiten der Winkel des Periskopvisiers mit der Waffenstellung nicht mehr übereinstimmte. Als Alternative erhielten die ersten Maschinen einen links unter der Rumpfmitte montierten, sogenannten Waffentropfen. Im Inneren der Verkleidung war ein nach hinten feuerndes Zwillings-Maschinengewehr MG 131 Z, Kaliber 13 Millimeter, montiert. Es sollte vom Piloten über ein Rückblickfernrohr bedient werden. Außerdem war im rückwärtigen Kabinenfenster ein von Hand bedientes MG 131 mit 500 Schuss vorgesehen, das jedoch ebenfalls zu Schwierigkeiten führen sollte.

Funktionale Konstruktion

Die Ingenieure fertigten die gesamte Zelle des freitragenden Mitteldeckers in Ganzmetall-Schalenbauweise. Über die Hinterkanten der zweiholmigen Tragflächen verliefen hydraulisch betätigte Landeklappen, denen sich zweigeteilte

Sichtgerät und Steuer der fernbedienten Hecklafette in einer Ju-388-Kabine

Das obere Periskop, über das der Bordschütze Angreifer ins Visier nahm

Querruder mit je zwei Trimmklappen in den Innenteilen anschlossen. Die gitterartigen Sturzflugbremsen, die in den Flächen der Ju 188 zu finden waren, wurden bei der Ju 388 nicht verwendet.

Der Kraftstoff für die beiden Flugmotoren wurde in zwei selbstdichtenden Flächentanks mit je 405 Liter Inhalt untergebracht. Zusätzlich war im rechten Flügel ein 510 Liter und im linken ein 425 Liter fassender ungeschützter Kraftstoffbehälter eingebaut. Beide konnten im Notfall über ein Schnellablassventil rasch entleert werden. Im Rumpf kam im vorderen Lastenraumbereich ein 1700-Liter-Tank und im hinteren ein 500-Liter-Behälter zum Einbau. Das Gesamtkraftstoffvolumen belief sich somit auf 3945 Liter. Zusätzlich wurde die Möglichkeit eines abwerfbaren 900-Liter-Außenbehälters ins Auge gefasst.

Das freitragende Seiten- und Höhenleitwerk verfügte über in die Ruderflächen integrierte Flettnerruder, die auch zur Trimmung dienten. Während die Flossen mit Metall beplankt waren, wurde für die Außenhaut der Ruder Stoff benutzt.

Die mit Klimaanlage ausgestattete und mit doppelten Plexiglasscheiben versehene Druckkabine der Ju 388 bot der dreiköpfigen Besatzung ausreichend Platz und gute Sichtverhältnisse. Da die Kabine der Einfachheit halber mit konstantem Überdruck von 0,23 atü funktionierte, wobei der Innendruck in 13 Kilometern dem von realen acht Kilometern entsprach, mussten die Besatzungsmitglieder trotz Druckkabine Sauerstoff benutzen. Um den Druck zu erhalten und um die Kabine zu heizen, nutzte man über Aktivkohlefilter gereinigte Ladeluft der Triebwerke. Anders als in der Ju 288 blieb rechts neben dem Flugzeugführer Raum für den Beob-

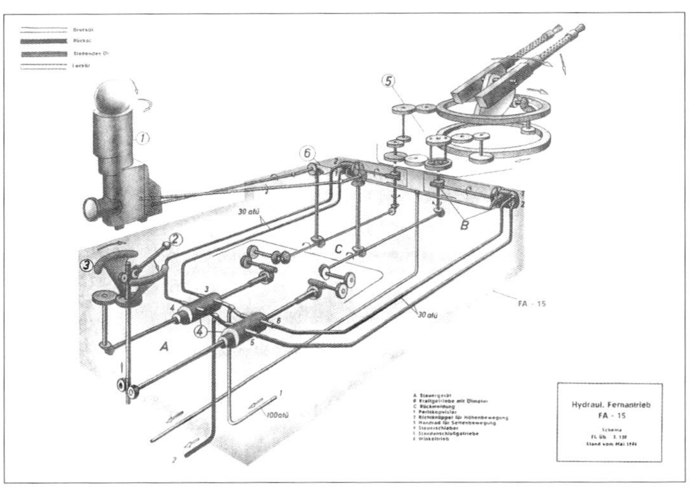

Der Fernantrieb FA 15 durchlief eine aufwendige und lange Entwicklung und erwies sich während der Erprobung in der Ju 388 als überaus störanfällig

Der fernbediente Heckstand FHL 131 Z war für alle Varianten der Ju 388 vorgesehen. Das Schussfeld der Waffe lag bei 45 Grad nach oben und unten sowie 60 Grad nach beiden Seiten

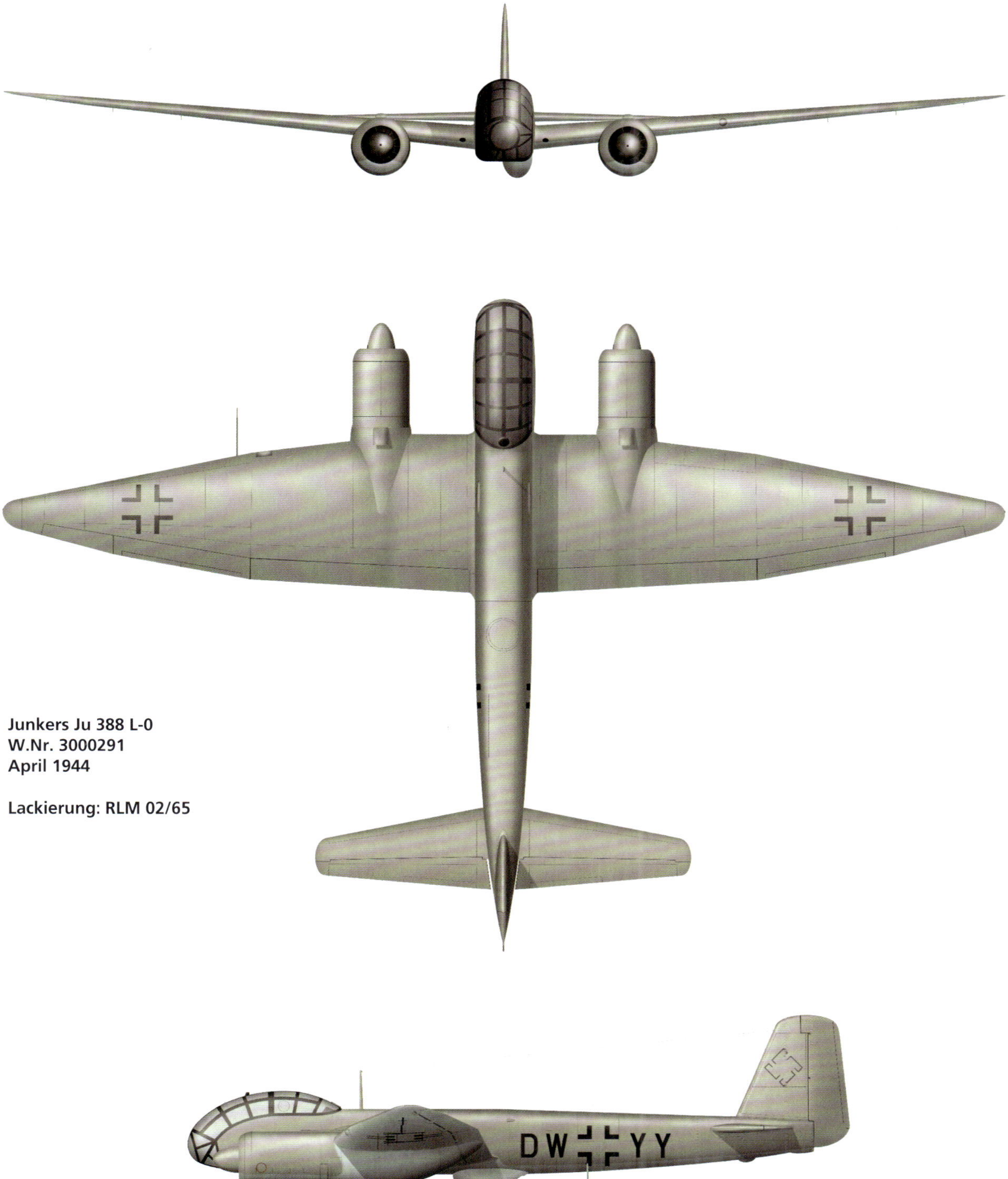

Junkers Ju 388 L-0
W.Nr. 3000291
April 1944

Lackierung: RLM 02/65

© Herbert Ringlstetter – Aviaticus.com

Die Ju 388 V2 (J) erhielt als Bewaffnung jeweils zwei unter dem Rumpf montierte MG 151/20 (oben) und MK 108

MITTE **Versuchsflugzeug V2 der sehr kraftvoll wirkenden Nachtjägerausführung Ju 388 J. Die Bugform glich der von Ju-88-Nachtjägern. Die Schrägbewaffnung auf dem Rumpfrücken war in der Maschine nicht montiert**

UNTEN **14-Zylinder-Doppelsternmotor BMW 801 TJ als komplette Antriebseinheit im Deutschen Museum in München. Die Regelung des Motors funktionierte selbstständig per Einhebelgerät über das Kommandogerät**

achter, dem in der Bomber-Variante Ju 388 K auch die Aufgabe des Bombenschützen zufiel. Der Funker saß mit dem Rücken zum Piloten. Neben seiner Aufgabe, die am Kabinenende montierten Funkgeräte zu bedienen, hatte er die Pflicht, Feindmaschinen abzuwehren. Die Arbeit des Flugzeugführers wurde durch den Einbau einer Kurssteuerung PKS 11 (Autopilot) erleichtert.

Ein im Rumpf installierter benzinbetriebener Kärcherofen produzierte Heißluft zur Enteisung der Höhenflosse und der Bildgeräte im Aufklärer. Die Enteisungsanlage der Tragflügel funktionierte dagegen durch Warmluft der Motoren. Um die Luftschrauben eisfrei zu halten, war je Propeller ein 18 Liter fassender Behälter mit Enteisungsflüssigkeit in den Flächen installiert.

Das Fahrgestell war komplett einziehbar. Das Hauptfahrwerk veschwand hierbei hydraulisch um 90 Grad gedreht nach hinten in den Motorgondeln, während das Spornrad verkleidet in den Rumpf eintauchte.

Tag- und Nachtjäger Ju 388 J

Speziell auf hoch fliegende Feindbomber, aber auch in niedrigeren Lagen operierende Kampfflugzeuge sowie gegen alliierte Nachtjäger und Schnellbomber wie die de Havilland Mosquito sollte die Nachtjagdvariante Ju 388 J angesetzt werden.

Der Nachtjäger erhielt einen geschlossenen Bug mit Panzerplatten als Schutz für die Besatzung, die um einen weiteren Mann ergänzt wurde. Die Kabinenverglasung bestand im Frontbereich aus elektrisch beheizbaren Panzerglasscheiben.

Als Bewaffnung der Ju 388 J plante man den Einbau von sechs MG 151/20, Kaliber 20 Millimeter, mit je 250 Schuss, angeordnet in zwei Gruppen in einer Waffenwanne links unter dem Rumpf. Als Varianten sah man zwei MG 151/20 und vier MK 108, Kaliber 30 Millimeter, mit je 100 Schuss oder vier MG 151/20 und zwei 30-mm-MK-103 mit je 100 Schuss vor. Für die Versuchsmuster und

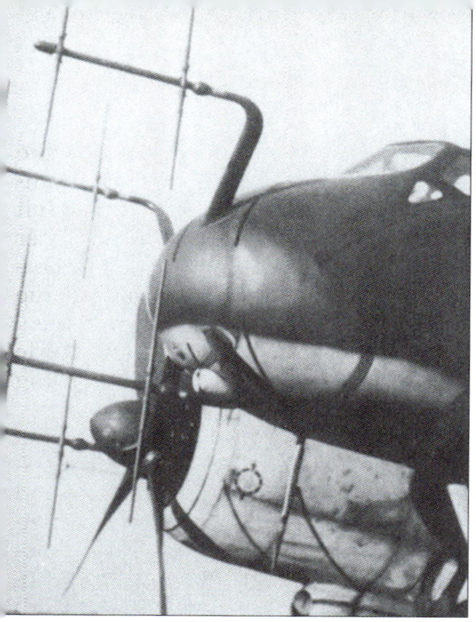

Die Ju 388 V2 mit »Hirschgeweih«, den Antennen des »Lichtenstein«-Funkmessgerätes SN 2

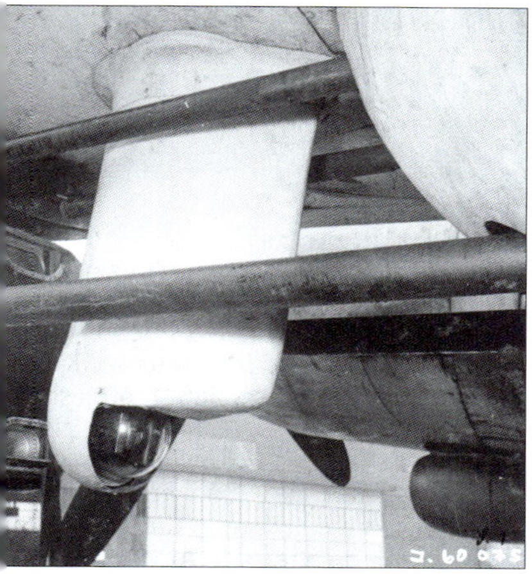

Links und rechts des Rückblickvisiers ragen die Rohrwaffen des Nachtjägers aus der Waffenwanne. Links außen ist die Einstiegsluke mit ausgefahrener Leiter zu sehen. Die Luke konnte im Notfall per Pressluft abgeworfen werden, um der Besatzung den Ausstieg zu erleichtern. Auch die hintere Kabinenhaube war zu diesem Zweck abwerfbar ausgelegt

Technische Daten – Junkers Ju 388

Junkers Ju 388	J-1	J-3
Einsatzzweck	Nachtjäger (Zerstörer)	Nachtjäger
Besatzung	4 (3)	4
Antrieb	2 x BMW 801 TJ-0 14-Zylinder-Doppelsternmotor	2 x Jumo 213 E V-12-Zylinder-Reihenmotor
Startleistung	2 x 1615 PS – ges. 3230 PS	2 x 1750 PS – ges. 3500 PS
Kampfleistung	2 x 1430 PS in 12 300 m	2 x 1270 PS in 10 200 m
Länge	16,20 m mit Antenne (14,87 m)	
Spannweite	22,00 m	22,00 m
Höhe	4,35 m	4,35 m
Spurweite	5,77 m	5,77 m
Flügelfläche	56 m²	56 m²
Spannweite Höhenleitwerk	8,00 m	8,00 m
Rüstgewicht	10 485 kg (10 135 kg)	10 411 kg
Startgewicht	13 965 kg (13 275 kg)	14 100 kg
Mittleres Fluggewicht	12 730 kg	12 750 kg
Flächenbelastung max.	250 kg/m²	252 kg/m²
Höchstgeschwindigkeit	402 km/h in Bodennähe 583 km/h in 12 000 m (620 km/h in 11 500 m)	439 km/h in Bodennähe 576 km/h in 10 200 m 626 km/h in 8200 m mit MW 50
Marschgeschwindigkeit max.	540 km/h in 11 000 m	516 km/h in 9200 m
Landegeschwindigkeit	160 km/h	160 km/h
Steigleistung	8000 m in 11 min 11 000 m in 34,5 min	9200 m in 27,7 min 11 000 m in 34,5 min
Startrollstrecke	1200 m	920 m
Landerollstrecke	800 m	670 m
Normale Reichweite max.	2160 km (2200 km)	–
Dienstgipfelhöhe	12 550 m (12 850 m)	–
Offensivbewaffnung	2 x MG 151/20 – 20 mm 4 x MK 108 – 30 mm (4 x MG 151/20 – 20 mm 2 x MK 101 – 30 mm)	2 x MG 151/20 – 20 mm 4 x MK 108 – 30 mm
Defensivbewaffnung	1 x MG 131 Z, 13 mm, in FHL 131 Z	
Abwurflast	keine (möglich)	keine
Spezielle Ausrüstung	FuG 220 »Lichtenstein« SN 2, später FuG 228 FuG 217 »Neptun« FuG 227 »Flensburg« FuG 350 »Naxos« sowie weitere Geräte möglich	
Leistungsdaten vom 16. November 1944 laut Konstruktionsbüro		

die Serienausführung waren dann zwei MK 108 (je 110 Schuss) und zwei MG 151/20 (je 180 Schuss) unter dem Rumpf sowie zwei weitere MK 108 (je 200 Schuss) als sogenannte »Schräge Musik« vorgesehen, die sich im Einsatz als sehr effektiv erwiesen hatte. Diese war auf dem Rumpfrücken in einem Winkel von 70 Grad eingebaut, sodass die Kanonen nach schräg oben in Flugrichtung feuerten. Forderungen von Nachtjagdpiloten entsprechend sollten die Waffen serienmäßig in einer 80-Grad-Stellung eingebaut werden, da bei 70 Grad noch mit Feindbeschuss zu rechnen war.

An Funkmesstechnik (Radar) war ein FuG 220 »Lichtenstein« SN 2 installiert. Die Antennen des Gerätes ragten aus dem Bug. In der Serie sollte jedoch schon das fortschrittlichere FuG 228 SN 3 eingebaut werden, das mit einer weniger Luftwiderstand erzeugenden Morgensternantenne ausgestattet war. Beabsichtigt war unter anderem auch der Einbau eines Heckwarn-Funkmessgeräts sowie das FuG 227 »Flensburg«, das es der Nachtjäger-Besatzung ermöglichte, das britische Warngerät »Monica« zu orten und den Feindbomber aufzuspüren.

Ende 1944 waren die Vorbereitungen zur Serienproduktion der Ju 388 J-1 weit fortgeschritten. Bis Kriegsende blieb es jedoch bei vier Versuchsflugzeugen.

Die Tag- und Schlechtwetter-Jagdversion der Ju 388 J war für den Abfangeinsatz gegen die bei Tag einfliegenden, vornehmlich US-amerikanischen Kampfflugzeuge gedacht. Zum vorrangigen Ziel erklärte man den neuen Bomber B-29, da dessen Einsatzhöhe auf zehn Kilometer und seine Geschwindigkeit auf 600 km/h geschätzt wurde. Die Luftwaffe rechnete damit, dass der Bomber Anfang 1945 über Deutschland erscheinen wird. Die Ju-388-Zerstörer sollten den Feind aus überlegener Höhe und mit hoher Geschwindigkeit angreifen. So wären die schweren deutschen Jagdflugzeuge auch für Begleitjäger nur schwierig abzuwehren, zumindest bei den gegenwärtig zur Verfügung stehenden alliierten Jägern der Typen P-51, P-47 und P-38. Ausgerüstet mit Jumo-222-Motoren, hätte die Ju 388 J-2 etwa 700 km/h in elf Kilometern erreicht. Als Offensivbewaffnung war für den Tagjäger und Zerstörer eine ähnliche Bewaffnung vorgesehen wie für den Nachtjäger. ◀

Mehrzweck-Kampfflugzeug für hohe Lagen – Teil 2

Junkers Ju 388

Die Ju 388 war als Höhenaufklärer, Tag- und Nachtjäger sowie Bomber vorgesehen. Mitte 1944 kamen die ersten Maschinen zur Truppenerprobung – doch konnte die Ju 388 ihre Qualitäten unter Beweis stellen?

In der ersten Jahreshälfte 1944 unternahm man bei den Junkers Flugzeug- und Motorenwerken (JFM) große Anstrengungen, das vom Reichsluftfahrtministerium (RLM) beschlossene Höhenflugzeugprogramm zeit- und praxisgerecht umzusetzen.

Neben den Zerstörer- und Nachtjäger-Ausführungen der Baureihe Ju 388 J (siehe Teil 1) sollte die Ju 388 auch als Bomber und Aufklärer zu den Verbänden der Luftwaffe gelangen. Die Luftwaffe sah sich in dieser Phase einer ste-

Die Ju 388 V8 wurde in Merseburg und bei der E-Stelle Rechlin erprobt. Sie ist bereits mit den Vierblattluftschrauben ausgerüstet, die Propellerhauben fehlen noch

Höhenaufklärer-Versuchsflugzeug Junkers Ju 388 V8 (L-0), PG+YB, W.Nr. 300002, im März 1944

Die Ju 388 L-0 V8 wurde in Merseburg gefertigt. Die Maschine verfügte sowohl über die lange Bombenwanne als über den fernbedienten Abwehrstand im Heck, der den Entwicklern große Schwierigkeiten bereitete. Seitlich in Rumpfmitte ist der Lufteinlass und die Abgasöffnung für den Kärcherofen zu sehen. Die PG+YB glich äußerlich der Bomberausführung Ju 388 V3 (K-1, PE+IC, W.Nr. 500003)

tig wachsenden alliierten Übermacht gegenüber, die den eigenen Produktionszahlen nur so davongaloppierte. Als Reaktion auf die quantitative Überlegenheit des Feindes setzte die Luftwaffenführung auf besonders leistungsstarke und technisch überlegene Flugzeugtypen.

Bomber Ju 388 K

Die geplante Höhenbomber-Ausführung Ju 388 K sollte in der Lage sein, unbehelligt von gegnerischen Jagdflugzeugen in den feindlichen Luftraum einzudringen.

Erstes Versuchsflugzeug der K-Serie war die Ju 388 V3 (K-1), PE+IC, Werknummer 500003, die am 2. April 1944 erstmals flog. Sie erhielt die lange hölzerne Wanne unter dem Rumpf, hier treffend auch als Bombenwanne bezeichnet, in der maximal eine Last von drei Tonnen an unterschiedlichen Bomben mitgeführt werden konnte. Für den genauen Zielwurf im Horizontalflug diente dem Bombenschützen ein im vorderen Teil der Kabine eingebautes Lotfernrohr 7 (Lotfe 7).

An Treibstoff waren in vollgetanktem Zustand 2960 Liter in Rumpf und Tragflächen vorrätig.

Mit dem für die Ju 388 K-2 vorgesehenen Jumo 222 E/F, einem 24-Zylinder-Aggregat mit 2500 PS Startleistung und über 1900 PS in elf Kilometer Höhe, war eine Höchstgeschwindigkeit von 690 km/h und eine Dienstgipfelhöhe von 13 500 Meter prognostiziert.

Höhenaufklärer Ju 388 L

Die Kriegsereignisse im Jahr 1944 überholten die Sinnhaftigkeit der Bomberentwicklung, sodass neben den Versuchsflugzeugen V3 und V4 nur wenige Vorserienmaschinen K-0 und Serienmaschinen Ju 388 K-1 gefertigt wurden. Sie wurden im Herbst 1944 zu Aufklärern L-1 umgerüstet, deren Einsatz noch eher infrage kam. Aus der K-Serie plante man, die Torpedobomber-Version Ju 388 M abzuleiten. Doch die Sache blieb im Projektstadium. Die meisten der wenigen gefertigten Ju 388 gehörten der Baureihe L an, dem Tag- und Nachterkunder. Erstes Versuchsmuster für die Serienausführung war die Ju 388 V5 (L-1), PE+IE, Werknummer 500005.

Die Kameras brachte man in einer aus Holz gefertigten Bodenwanne unter. Die Wanne stammte ursprünglich von der Ju 188 beziehungsweise Ju 88 A-15 und diente eigentlich der Aufnahme von Bomben. Doch eignete sie sich auch, um die Kameraausrüstung unterzubringen.

Für den Einsatz am Tag kamen zwei Reihenbildgeräte Rb 20/50, Rb 50/30 oder Rb 75/30 zum Einbau, die unterhalb des Rumpftanks im hinteren Teil des Lastenraums installiert waren. Für mehr Reichweite ließ sich ein abwerfbarer Zusatztank installieren. Für den Nachteinsatz konnte die Ju 388 L mit je

Zum Einbau des fernbedienten, widerstandsarmen Heckstands FHL 131 Z musste das Rumpfende verbreitert werden. Er war für alle Varianten der Ju 388 vorgesehen

Ju 388 L-1, RT+KD, W.Nr. 340084, mit BMW 801 TJ und vergrößertem Seitenleitwerk. Das einsatztaktisch mit relativ hellem Tarnanstrich versehene Flugzeug wurde am 7. September 1944 vom Ekdo 388 übernommen, wo man die schlechte Bauausführung monierte

zwei Geräten des Typs NRb 35/20, NRb 40/25 oder 50/25 ausgerüstet werden. Sämtliche Bildgeräte ließen sich senkrecht oder auch in einem seitlichen Winkel von zehn bis 30 Grad einstellen.

In der Nachtaufklärer-Version wurde der vordere, 1700 Liter fassende Rumpftank durch einen kleineren mit 725 Liter Volumen ersetzt. Die Maßnahme brachte den nötigen Platz für bis zu zwölf (8 + 4) in L-Gerüsten installierte Blitzlichtbomben. Außerdem mussten die beiden Bildgeräte nebeneinander platziert werden. Die Treibstoffkapazität war beim Nachtaufklärer damit auf 2970 Liter reduziert.

Nur noch wenige Maschinen

Der Lieferplan 226 des Flugzeugprogramms der Luftwaffe vom 8. Juli 1944 listete neben den Strahlflugzeugtypen Arado Ar 234 und Messerschmitt Me 262 die Muster Dornier Do 335, Focke-Wulf Ta 152 sowie die Ju 388 auf. Mit diesen fünf leistungsstarken Flugzeugtypen einschließlich ihrer Unterversionen sollte die Luftwaffe in der Lage sein, sämtliche Aufgabenstellungen er-

füllen und den Feind empfindlich treffen zu können. Allein von der Ju 388 wollte man monatlich rund 550 Maschinen bauen. Doch der Plan war schwierig umzusetzen. Letztlich wurde er auch nicht eingehalten, da dafür weder genug Zeit, noch Material und Arbeitskräfte zur Verfügung standen.

So wurden bis Kriegsende noch nicht einmal 100 Maschinen unterschiedlicher Versionen der Ju 388 bei ATG (Allgemeine Transportanlagen-Gesellschaft) in Leipzig-Mockau und Weserflug im niederschlesischen Liegnitz gebaut. Lediglich 15 Ju 388 L-0- und sieben K-0-Vorserienmaschinen waren bis Ende November 1944 in Merseburg entstanden. Vormals geplant waren dagegen 50 K-0. Allerdings waren einige Maschinen noch vor ihrer Fertigstellung bei Bombenangriffen zerstört worden.

Noch weniger Exemplare entstanden von der Zerstörer- und Nachtjägerversion J. Die einzige in nennenswerter Stückzahl gebaute Variante war der Aufklärer Ju 388 L, von dem insgesamt 84

Von der Aufklärer-Version Ju 388 L-1 wurde mit maximal 66 Exemplaren die größte Stückzahl unter den Ju-388-Typen hergestellt, im Bild die W.Nr. 340084, RT+KD

Flugzeuge L-0 und L-1 (66 Stück) als produziert gemeldet wurden.

Wegen Fertigungsmängeln und fehlender Ausstattung mussten die meisten Ju 388 zuerst Nachrüstbetrieben zugeführt werden, um die Maschinen in einen fronttauglichen Zustand zu bringen. Dort konnten jedoch nur noch ganze sechs der 55 angelieferten Maschinen fertiggestellt werden. Die wenigsten die-

Ju 388 K-0, W.Nr. 230151, KS+TA, mit schwarzem Nachtsichtschutzanstrich. Von dem Vorserien-Bomber K-0 wurden nur neun Maschinen gebaut. Sie entstanden durch Umbau aus Ju 188. Die kleine Ausbuchtung im unteren Bereich der Verglasung diente der Aufnahme des Bombenzielgeräts

ser neuen Flugzeuge sahen noch einen Einsatzplatz.

Kurze Erprobung

Am 15. Juli 1944 wurde das Erprobungskommando 388 aufgestellt, das gegen Monatsende in Rechlin Quartier bezog. Doch kaum hatte die Gruppe mit zunächst sieben Ju 388 ihre Arbeit aufgenommen, hinterließ ein schwerer Bombenangriff durch amerikanische B-17 am 25. August 1944 neben zahlreichen Toten schwerste Verwüstungen auf dem Erprobungsgelände in Rechlin. Auch die inzwischen neun Ju 388 des Ekdo 388 waren davon betroffen – drei Maschinen standen nicht mehr zur Verfügung. Fünf Tage später musste die Werknummer 300005 (L-1/V5) wegen Motorschadens notlanden und wurde dabei beschädigt.

Die hochgesteckten Erwartungen, die man in das neue Einsatzmuster gesetzt hatte, erfüllten sich insgesamt gesehen während der Probeflüge allerdings nicht. Am 14. Februar 1945 löste die Luftwaffe den Verband schließlich auf. Bis dahin soll das Erprobungskommando 16 Ju 388 erhalten und geflogen haben.

Keine regulären Einsätze

Mindestens drei Ju 388 flogen außerdem ab Ende des Jahres 1944 in den Reihen des Versuchsverbandes des Oberkommandos der Luftwaffe (OKL), wobei es sich ausnahmslos um Aufklärer handelte. Keine einzige der Ju 388 flog bei einem regulären Einsatzverband der Luftwaffe.

Markant an der Ju 388 mit BMW 801 TJ sind die zentralen Abgasrohre auf den Oberseiten der Triebwerksverkleidungen. Die K-0 war zur Verteidigung im hinteren Fenster mit einem MG 131, Kaliber 13 Millimeter, bestückt

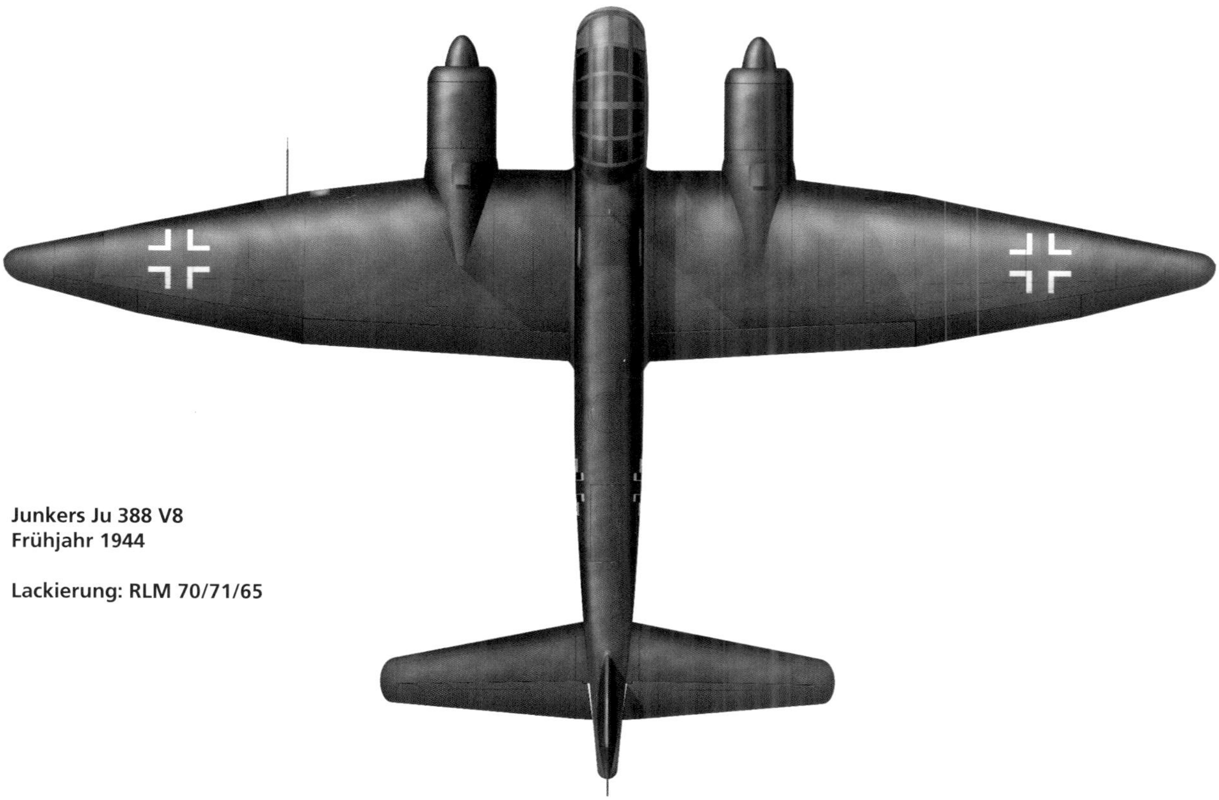

Junkers Ju 388 V8
Frühjahr 1944

Lackierung: RLM 70/71/65

© Herbert Ringlstetter – Aviaticus.com

Aufklärer Ju 388 L-1 mit geöffneter Bodenwanne. Keine einzige Ju 388 wurde in einem regulären Einsatzverband geflogen

Als britische Truppen die Erprobungsstelle Tarnewitz einnahmen, fanden sie die dort abgestellte Ju 388 V6 (L-1), Werknummer 500006, vor. Die Maschine befand sich dort zur Erprobung des Heckstands und war noch unversehrt. Da das Flugzeug als untersuchungswürdig erachtet wurde, ließ man den Aufklärer von einem deutschen Piloten nach Farnborough in England überführen. Nach gründlicher Untersuchung fiel das Beutestück 1948 aber schließlich der Schrottpresse zum Opfer.

Die »560049« hat überlebt

Außerdem fanden mindesten zwei Ju 388 den Weg in die Sowjetunion. Über deren Verbleib ist jedoch kaum etwas bekannt.

Eine »388« hat bis heute überlebt: Die Ju 388 L-1 mit der Werknummer 560049 wurde bei Kriegsende von US-Truppen im Junkers-Werk Merseburg aufgefunden. Die bei Weserflug in Liegnitz in Schlesien gebaute Maschine wurde anschließend auf dem Flugzeugträger HMS Reaper zusammen mit weiterem Beutegut im Rahmen der Operation Sea Horse in die USA gebracht. In Wright Field, Ohio, unterzog man den deutschen Aufklärer mit der amerikanischen Kennung FE-4010 (später T2-4010) einer eingehenden Untersuchung. Auch wurde die kraftvolle zweimotorige Maschine auf einer öffentlichen Kriegsbeuteschau ausgestellt.

1947 wurde die Maschine zerlegt und in der Paul E. Garber Preservation, Restoration and Storage Facility, einer Außenstelle des National Air and Space Museum, eingelagert. Eine Besonderheit der Beutemaschine ist die Tatsache, dass sich die Kabine samt Instrumentarium nahezu im Originalzustand befindet. Bis heute wartet die »560049« auf ihre Restaurierung.

GANZ LINKS **Ju 388 L-1 – gut zu sehen sind der spätere große Ladelufteinlass für den 14-Zylinder-Doppelsternmotor BMW 801 TJ unter der Motorgondel und die glatten seitlichen Motorverkleidungen ohne die bei anderen 801-Motoren üblichen Ausbuchtungen**

LINKS **Auf der Oberseite des Flügels ist die Antenne (Horizontalversion) des Rückwärtswarngeräts FuG 217 montiert**

UNTEN **Die Ju 388 L-1, W.Nr. 560049, Foreign Equipment mit der Nummer 4010 und nachträglich angebrachten Hoheitszeichen »amerikanischer Art«. Das Beutestück wurde von US-Truppen erbeutet und in die USA gebracht, wo es ausgiebig erprobt und anschließend eingelagert wurde**

Foto US Air Force

Technische Daten – Junkers Ju 38

Junkers Ju 38	**K-1**	**L-1**	**L-2**
Einsatzzweck	Höhenbomber	Höhenaufklärer	Höhenaufklärer
Besatzung	3	3	3
Antrieb	2 x BMW 801 TJ-0 14-Zylinder-Doppelsternmotor		2 x Jumo 222 E/F 24-Zylinder-Reihensternmotor
Startleistung	2 x 1615 PS – ges. 3230 PS		2 x 2500 PS – ges. 5000 PS
Kampfleistung	2 x 1430 PS in 12 300 m – ges. 2860 PS		2 x 1940 PS in 11 000 m – ges. 3980 PS
Länge	14,87 m	14,87 m	14,87 m
Spannweite	22,00 m	22,00 m	22,00 m
Höhe	4,35 m	4,35 m	4,35 m
Spurweite	5,77 m	5,77 m	5,77 m
Flügelfläche	56 m²	56 m²	56 m²
Spannweite Höhenleitwerk	8,00 m	8,00 m	8,00 m
Rüstgewicht	10 250 kg	10 150 kg	11 565 kg
Startgewicht	14 275 kg	13 890 kg	15 180 kg
Flächenbelastung max.	255 kg/m²	248 kg/m²	271 kg/m²
Höchstgeschw.	610 km/h in 11 600 m	620 km/h in 11 600 m mit MW 50	712 km/h in 11 500 m
Marschgeschw. max.	–	560 km/h in 11 000 m	–
Landegeschw.	160 km/h	160 km/h	160 km/h
Steigleistung	–	11 000 m in 30 min	–
Startrollstrecke	–	1180 m	–
Landerollstrecke	–	780 m	–
Reichweite max.	1770 km in 11 000 m	3100 km in 11 000 m	2450 km in 11 000 m
Dienstgipfelhöhe	12 850 m	12 800 m	13 500 m
Defensivbewaffnung	1 x MG 131 Z, 13 mm, in FHL 131 Z		
Abwurflast max.	3000 kg	keine	keine
Spezielle Ausrüstung	–	2 x Rb 50/30 oder Rb 75/30 für den Tageseinsatz oder 2 x NRb 40/25 oder 50/25 für den Nachteinsatz sowie bis zu 12 Blitzlichtbomben	

Ju-388-Produktionszahlen

Version	**Junkers**	**ATG**	**WFG**	**Gesamt**	**Produktionszeitraum**
K-0	9	–	–	9	Juli 1944 bis Dezember 1944
K-1	–	1	–	1	Juli 1944
L-0	18	–	–	18	Juli 1944 bis Februar 1945
L-1	–	55	11	66	August 1944 bis Januar 1945
Gesamt	**27**	**56**	**11**	**94**	**Juli 1944 bis Februar 1945**

73 der 94 gefertigten Maschinen wurden an die Luftwaffe ausgeliefert

Langstreckenbomber aus dem Baukasten

Junkers Ju 488

Mit der Junkers Ju 488 entstand 1944 das Konzept eines überaus leistungsfähigen schweren Kampfflugzeugs. Die Kriegsereignisse ließen den Baukasten-Bomber frühzeitig, aber auch folgerichtig ins Aus fliegen

Die anhaltende Misere um den schweren Bomber Heinkel He 177 rief 1943/44 kreative Köpfe der Junkers Flugzeug- und Motorenwerke auf den Plan. Aus Teilen der bereits existierenden Kampfflugzeugmuster Ju 88, 188, 288 und 388 sollte in kurzer Zeit ein viermotoriger Fernbomber entstehen. Das Technische Amt im Reichsluftfahrtministerium (RLM) stimmte Anfang 1944 dem Vorhaben zu und beauftragte die JFM mit dem Bau von zunächst zwei Versuchsflugzeugen.

Das Baukasten-Flugzeug erhielt vom RLM die Bezeichnung Ju 488.

Verwendet wurden für den neuen Junkers-Bomber die Druckkabine für eine dreiköpfige Besatzung mit sämtlichen Einbauten sowie die Tragflächen der Ju 388. Diese sollten an ein neu zu konstruierendes Flächenmittelstück angesetzt werden. Außerdem sah man die Heckpartie und das Mittelteil eines Ju-188-Rumpfes der Serie E vor. Zwischen dem Leitwerk einer Ju 288 C und dem Rumpfmittelteil sollten neue verlängernde Rumpfelemente eingesetzt werden. Unter den Rumpf wollte man die hölzerne Bodenwanne einer Ju 88 A-15 beziehungsweise Ju 388 K montieren.

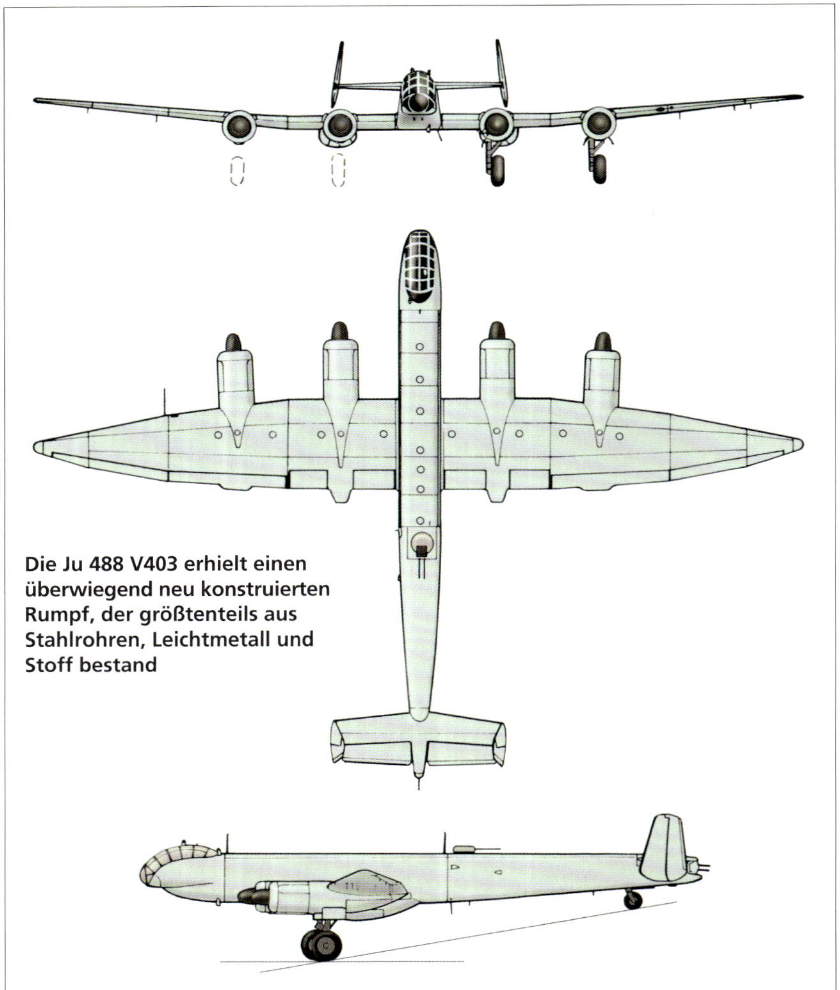

Die Ju 488 V403 erhielt einen überwiegend neu konstruierten Rumpf, der größtenteils aus Stahlrohren, Leichtmetall und Stoff bestand

Vier Einzelmotoren

Im Gegensatz zu dem Unglücksvogel He 177 mit seinen beiden störanfälligen Doppelmotoren sollte die Ju 488 vier einzelne Motoren erhalten. Für die ersten beiden V-Flugzeuge wählte man jeweils 1800 PS leistende Sternmotoren BMW 801 TJ. Damit bei dem erwarteten hohen Abfluggewicht die »488« nicht in die Knie zu gehen drohte, erhielt sie ein vierbeiniges Fahrwerk mit Spornrad. Dabei waren die äußeren Fahrgestelle mit kleineren Rädern versehen als die inneren.

Um das Hauptwerk der JFM in Dessau zu entlasten, wurden die Fertigung der Ju 488 und konstruktive Arbeiten an der Maschine der Firma Latécoère im französischen Toulouse übertragen. Bereits Anfang 1944 konnte mit dem Bau der Versuchsflugzeuge Ju 488 V401 und V402 begonnen werden. Die Arbeiten kamen zügig voran. Doch noch bevor die fertiggestellten Bauteile per Bahn in das Junkers-Werk Bernburg verfrachtet werden konnten, erlitt das Bomber-Projekt einen gewaltigen Rückschlag. In der Nacht vom 16. auf den 17. Juli 1944 gelang es französischen Widerstandskämpfern, im Werk Toulouse Sprengsätze zu zünden. Die dortigen Ju-488-Bauteile, darunter zwei nahezu fertiggestellte Rümpfe, wurden derart stark beschädigt, dass ein Wiederaufbau nicht infrage kam.

Überarbeitete Version

Zwar fielen die V401 und 402 für erste Versuchsflüge aus, doch hatte man bei Junkers inzwischen schon weitere Überlegungen angestellt und kam zu dem

Schluss, die Maschine mit einem längeren und breiteren Rumpf auszustatten. Dieser sollte nun zum größten Teil aus einer Stahlrohrkonstruktion bestehen. Hinter der nach wie vor verbauten Druckkabine sollte das Rumpfgerüst bis zum Ende des Mittelrumpfes mit Duraluminium und bis zum Heck hin mit Stoff verkleidet werden. So konnte Leichtmetall eingespart werden. Die Bodenwanne entfiel.

An Abwehrwaffen sah man den Einbau einer fernbedienten Drehkranzlafette FDL 151 Z mit zwei MG 151, Kaliber 20 Millimeter, auf dem Rumpfrücken vor. Zudem war eine fernbediente Hecklafette FHL 131 Z mit zwei 13-mm-MG-131 in Planung.

Was den Antrieb angeht, fiel die Wahl nun auf das hauseigene wassergekühlte 24-Zylinder-Aggregat Jumo 222, welches eine Startleistung von 2500 PS erbrachte. In Bewegung setzen sollte sich die Ju 488 mittels vierblättriger Verstell-Luftschrauben Jumo VS 19 mit einem Durchmesser von vier Metern.

Je nach Version waren bis zu 17 550 Liter Kraftstoff in 14 selbst dichtenden Rumpf- und Flächentanks vorgesehen.

Extrem leistungsfähig

Bis zu fünf Tonnen an Bombenlast, eingehängt in Magazinen im Rumpf, sollte die Ju 488 bis zu 4000 Kilometer weit tragen können. Als Fernaufklärer hätte die Ju 488 mit zwei Reihenbildgeräten Rb 50/30 in großen Höhen operieren und fast 7000 Kilometer weit fliegen können. Die errechnete Höchstgeschwindigkeit der Viermot lag bei bis zu 700 km/h.

Zunächst war der Bau von vier Versuchsflugzeugen, V403 bis V406, geplant. Der Serienanlauf war für Mitte 1945 vorgesehen.

In Anbetracht der Mitte 1944 herrschenden und für Deutschland stetig schlechter werdenden Kriegslage zielte dieser Plan jedoch an den tatsächlichen Erfordernissen hinsichtlich einer Stärkung der Luftwaffe weit vorbei. Im November 1944 gab das RLM die einzig sinnvolle Weisung heraus: den Baustopp der Ju 488 und anderer derartiger Flugzeugmuster und Projekte, um die noch vorhandenen knappen Materialressourcen wie auch Entwicklungskapazitäten ganz auf die Jägerproduktion zu konzentrieren. Wenngleich es auch hierfür längst zu spät war.

So flog letztlich nicht eine einzige Ju 488, die in einem früheren Stadium enorme Wirkung erzielen hätte können.

Auch der in Japan geplante Lizenzbau der Ju 488, der am 28. Februar 1945 freigegeben wurde, kam nicht mehr zustande.

Technische Daten – Junkers Ju 488

Junkers	Ju 488	Ju 488
Einsatzzweck	Fernaufklärer	Schweres Fernkampfflugzeug
Besatzung	3	3
Antrieb	2 x Jumo 222 A-3/B-3 24-Zylinder-Reihen-Sternmotor – flüssigkeitsgekühlt	2 x Jumo 222 E-1/F-1
Startleistung	4 x 2500 PS – ges. 10 000 PS + 130 kp Abgasdüsenschub – ges. 520 kp	4 x 2500 PS – ges. 10 000 PS + 130 kp Abgasdüsenschub – ges. 520 kp
Kampfleistung	2200 PS in Bodennähe – ges. 8800 PS + 112 kp Abgasdüsenschub – ges. 448 kp 2200 PS in Bodennähe – ges. 8800 PS + 102 kp Abgasdüsenschub – ges. 408 kp	1910 PS in 7200 m – ges. 7640 PS + 162 kp Abgasdüsenschub – ges. 648 kp 1900 PS in 7200 m – ges. 7600 PS + 180 kp Abgasdüsenschub – ges. 720 kp
Spannweite	31,29 m	31,29 m
Flügelstreckung	11	11
Länge	23,24 m	23,24 m
Rumpfhöhe	7,10 m	7,10 m
Flügelfläche	88,00 m²	83,00 m²
Rüstgewicht	21 200 kg	21 000 kg
Startgewicht max.	36 000 kg	33 700 kg
Mittleres Fluggewicht	29 250 kg	25 850 kg
Kraftstoffmenge max.	17 550 l	10 400 l
Flächenbelastung max.	409 kg/m²	383 kg/m²
Höchstgeschw.	540 km/h in Bodennähe 684 km/h in 7000 m	530 km/h in Bodennähe 707 km/h in 11 000 m
Marschgeschw.	480 km/h in 6000 m 610 km/h in 6000 m max.	560 km/h in 10 000 m 635 km/h in 10 000 m max.
Anfangssteigleistung	9,2 m/sec	8,9 m/sec
Steigleistung	6000 m in 13 min	– 8000 m in 31,8 min
Startrollstrecke über 15 m	1100 m auf Gras 840 m auf Beton 1420 m auf Gras	1000 m auf Gras 550 m auf Beton 1310 m auf Gras
Reichweite	5100 km bei 610 km/h in 6000 m 6820 km bei 480 km/h in 6000 m	3220 km bei 635 km/h in 10 000 m 3600 km in 6000 m
Flugzeit max.	–	4,9 h
Dienstgipfelhöhe	10 750 m 9200 m 3-motorig 5900 m 2-motorig	13 650 m 12 100 m 3-motorig 7100 m 2-motorig
Abwehrbewaffnung	B-Stand: 2 x MG 151 Z – 20 mm H-Stand: 1 x MG 131 Z – 13 mm	B-Stand: 2 x MG 151 Z – 20 mm H-Stand: 1 x MG 131 Z – 13 mm
Abwurflast max.	–	5000 kg
Aufklärer-Ausrüstung	2 x Rb 50/30	–

Baukastenteil: Die Druckkabine der Ju 488 stammte von der Ju 388 (im Bild)

■ Fernaufklärer und »Amerikabomber«

Messerschmitt Me 264

Mit der Me 264 schuf Messerschmitt ein außergewöhnliches Langstrecken-Flugzeug. Vor allem der Mangel an geeigneten Triebwerken sowie die Unentschlossenheit des Auftraggebers verhinderten den tatsächlichen Einsatz des »Amerikabombers«

Schon früh begeisterte sich Willy Messerschmitt für die Idee eines Langstrecken-Flugzeugs mit einer Reichweite von mindestens 15 000 Kilometern. Die Ausschreibung des Reichsluftfahrtministeriums (RLM) für ein Wettbewerbsflugzeug, mit dem ein Weltflug durchgeführt werden könne, bot Messerschmitt 1935 erstmals die Möglichkeit, seinen Traum umzusetzen. 1937 musste das Projekt 1053 (Bf 164) jedoch beendet werden, das RLM hatte inzwischen andere Prioritäten.

Einen weiteren Schritt hin zum Langstrecken-Flugzeug machte Messerschmitt mit dem Großflugzeugprojekt Bf 165, das vermutlich mit den in der Entwicklung befindlichen Fernbombern Dornier Do 19 und Junkers Ju 89 konkurrierte. Doch schon nach einer Attrappe wurden die Arbeiten an der Maschine 1938 eingestellt.

Im Direktflug zur Olympiade

Einem Gerücht nach sollte für die 1940 in Tokio geplante Olympiade ein hoch exklusiver, fliegender Pressedienst eingerichtet werden. Hitler wolle persönlich mit der Maschine zu den Spielen nach Japan reisen und habe sie in Auftrag gegeben.

Bei Messerschmitt machte man sich an die Arbeit: Mit dem Projekt 1062 wollte man den Führerwunsch erfüllen. Vom RLM erhielt die zweimotorige Maschine die Bezeichnung Me 261. Parallel dazu untersuchte man eine vergrößerte Variante mit vier Triebwerken und einer gewünschten Reichweite von 20 000 Kilometern. Offiziell war das Projekt 1061 für den »Transport hochwertiger Frischgüter aus tropischen Überseegebieten« gedacht. Werksintern bekam die Maschine den Spitznamen »Bananenflugzeug«. Die Entwicklungsarbeiten begannen vorerst ohne Regierungsauftrag und mit geringem Aufwand. Der Kriegsbeginn am 1. September 1939 setzte neue Zielvorgaben. Die Typen Bf 109 und 110 verlangten die ganze Aufmerksamkeit der Augsburger, neue Typen befanden

Willy Messerschmitts Vorstellung vom »Optimalflugzeug« kam die Me 264 schon recht nahe. Auffallend war die sehr geringe Höhe der Viermot am Boden

UNTEN UND BEIDE RECHTS Die Bugpartie der Me 264 V1 samt Führerkabine während der Fertigung

OBEN BEIDE **Während des Einbaus der Treibstofftanks in die Flächen der Me 264, links die Backbord-, rechts die Steuerbordfläche**

sich in der Entwicklung und P 1061 hatte plötzlich keine Bedeutung mehr.

1940 verschärfte sich die Kriegslage zusehends, und das Verhältnis zu den noch nicht direkt am Krieg beteiligten USA wurde immer angespannter. Das RLM forderte ein Fernstkampfflugzeug mit einer Mindestreichweite von unglaublichen 12 000 Kilometern. Für Willy Messerschmitt bedeutete dies erneut die Möglichkeit, seinen Traum vom idealen Flugzeug wahr werden zu lassen.

Ab 20. Dezember 1940 nahm man die Arbeiten am Projekt 1061 wieder auf, allerdings waren es keine Südfrüchte mehr, die transportiert werden sollten. Dennoch berücksichtigte man eine zivile Nutzbarkeit.

Die Reichweite des Langstreckenvogels sollte nun sogar bis zu 20 000 beziehungsweise 15 000 Kilometer mit einer Bombenlast von 5000 Kilogramm betragen. Voraussetzung dafür war ein geringstmöglicher Luftwiderstand. Dies schloss selbstverständlich auch die Abwehrbewaffnung ein, die im Rumpf versenkbar sein sollte.

Stärker, weiter, schwerer

Die Leistungsfähigkeit der Maschine setzte starke und zuverlässige Triebwerke voraus. Man dachte dabei beispielsweise an den in der Entwicklung stehenden DB 603 von Daimler-Benz.

Die Entwurfsarbeiten kamen zügig voran. Die Erfahrungen mit den Typen Bf 164, Bf 165 und der Me 261 erwiesen sich als überaus wertvoll.

Um den gestiegenen Anforderungen im Seekrieg gerecht zu werden, verlangte das RLM Anfang 1941 die Entwicklung eines Fernaufklärers, der mit U-Booten zusammenarbeiten, mit Geleitzügen Kontakt halten und Flächenaufklärung durchführen sollte. Dabei wurden auch Störflüge an der Ostküste der USA in Erwägung gezogen, wenn möglich sogar mit bis zu 2000 Kilo-

Me-264-Rumpfkonstruktion – der kreisrunde Querschnitt zog sich bis ins Heck durch

gramm Abwurflast im Rumpf. Das RLM erteilte Messerschmitt den offiziellen Entwicklungs- und Bauauftrag für das Me 264 genannte Fernstkampfflugzeug.

Bei Messerschmitt in Augsburg wollte man das Langstrecken-Flugzeug so schnell wie möglich in die Luft bekommen. Bereits im Mai 1942 sollte die Flugerprobung beginnen – eine sehr optimistische Zeitplanung. Im Vordergrund stand für Messerschmitt das speziell auf Langstreckentauglichkeit getrimmte Flugzeug. Ausrüstungsfragen standen zunächst hinten an. Der Antrieb, der größtmögliche Leistung und Betriebssicherheit gewährleisten musste, bildete den technischen Schwachpunkt des Langstrecken-Vorhabens. Infrage kamen zu dieser Zeit jedoch nur die Motoren Junkers Jumo 211 und BMW 801. Die damit errechneten Reichweiten und Nutzlasten bei voll ausgerüsteter Maschine konnten zwar durchaus beeindrucken, kamen aber nicht an die vom RLM geforderten Werte heran.

Messerschmitt suchte nach Möglichkeiten, die Leistung zu steigern. Luftbetankung und der Schlepp durch eine zweite Maschine standen zur Diskussion. Oder auch die Verwendung von Starthilfen bei Überlast für mehr Treibstoff. Zudem erwog man die Umrüstung auf sechs Motoren. Von den Aggregaten DB 603 H und Jumo 213 A-2 erhoffte man sich beträchtliche Reichweiten- und Leistungssteigerungen. Doch diese befanden sich noch in der Erprobung und waren nicht betriebsbereit.

Bis März 1941 waren die Konstruktionszeichnungen für Rumpf, Flächen und Leitwerk des ersten V-Musters fertiggestellt, und im Mai 1941 begann der Bau des ersten Versuchsflugzeugs. Die Ausrüstung sollte erst später, nachdem sie detailliert festgelegt war, eingebaut werden. Das RLM änderte die Vorgaben ohnehin immer wieder.

Das Beinahe-Aus

Anfang Januar 1942 ließ das RLM, bedingt durch die veränderte Kriegslage, die Arbeiten an der Me 264 fast völlig

OBEN LINKS Das Seitenleitwerk basierte auf dem der Me 261 und wurde praktisch geometrisch vergrößert

OBEN RECHTS Der vorgesehene Abwehrstand im hinteren Teil des Rumpfes (C-Stand) mit einem MG 151. Er wurde mittels Funktionsattrappe erprobt

RECHTS Bei der Erstmotorisierung der Me 264 V1 griff man notgedrungen auf Jumo-211-J-Motoren zurück

LINKS OBEN Die Beurteilungen verschiedener Piloten, darunter von der E-Stelle Rechlin, fielen unterschiedlich aus. Die formschöne »Viermot« verfügte noch über keinerlei Waffeneinbau

LINKS MITTE Darstellung des Me-264-Innenlebens mit der Bewaffnung, wie sie für die V2 vorgesehen war

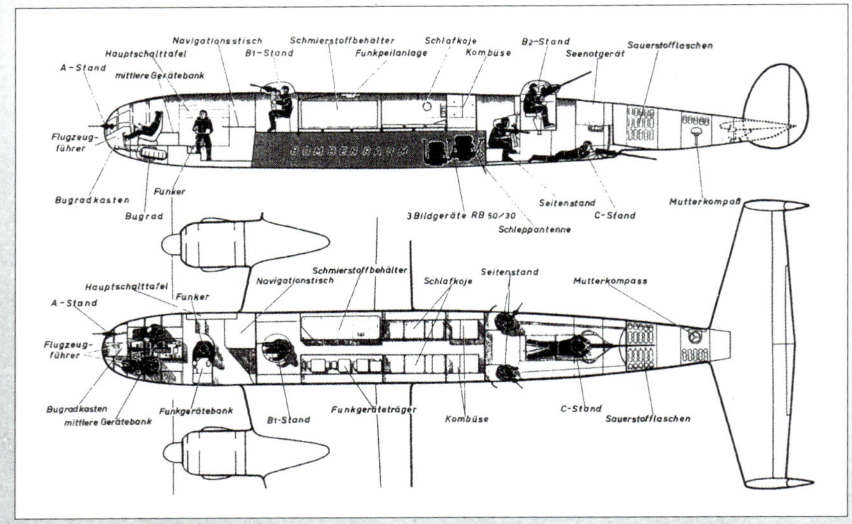

einstellen. Zudem wies man auf die fehlende Entwicklungskapazität bei Messerschmitt hin. Mit verantwortlich dafür dürften auch die großen Probleme mit dem »Unglücksvogel« Me 210 gewesen sein. Messerschmitt protestiere energisch, was Ende April 1942 in einer amtlichen Untersuchung mündete. Das Ergebnis: Die Me 264 ist unverzichtbar. Sowohl die Entwicklungsarbeit als auch die Einsatzmöglichkeit als Seefernaufklärer gaben der »264« die nötige Wichtigkeit. Zumindest konnten die Endmontage der Me 264 V1 und der bereits begonnene Bau von zwei weiteren V-Mustern fortgesetzt werden.

Notgedrungen mit Jumo 211

Als Antrieb für die Me 264 V1 baute man vier Jumo-211-J-V-12-Motoren mit einer Startleistung von jeweils 1420 PS ein, wie

Die V1 auf dem Werksflugplatz in Augsburg. Wegen der großzügigeren Platzverhältnisse wurde der Großteil der Erprobungsflüge vom etwas südlich gelegenen Flugplatz bei Lechfeld aus durchgeführt

RECHTS Die Me 264 V1 mit Jumo-211-Motoren und VDM-Propellern. Der Vergleich mit der amerikanischen Boeing B-29 »Superfortress«, die ein paar Monate zuvor im September 1942 erstmals geflogen war, drängt sich förmlich auf. Der US-Bomber flog ab Mitte 1944 Einsätze gegen Japan

sie auch im mittleren Bomber Junkers Ju 88 Verwendung fanden. Zwar lagen die Leistungen des Jumo 211 weit hinter denen des geplanten DB 603 oder Jumo 213, doch zumindest galt das Aggregat als zuverlässig und ausgereift.

Ein auffallendes Charakteristikum der Me 264 war der kreisrunde, vollends aus Leichtmetall in Schalenbauweise gefertigte Rumpf, der im Verhältnis zur Spannweite der Tragflächen ungewöhnlich kurz ausfiel.

In die freitragenden Flächen des Schulterdeckers waren je Flügel neun Treibstoffbehälter integriert, die zusammen 26 400 Liter Kraftstoff aufnehmen konnten. Außerdem waren bis zu sechs Zusatzbehälter an Außenträgern geplant.

Laut Planung war auch eine weitgehend im Rumpf versenkbare Defensivbewaffnung unerlässlicher Bestandteil der aerodynamisch günstigen Form. Die Bombenlast sollte im Mittelrumpf mitgeführt werden, aber man behielt sich auch die Möglichkeit vor, unter den Flügeln Träger für Außenlasten wie Torpedos oder Luftminen zu montieren.

Weiterhin fällt das damals für deutsche Flugzeuge ungewöhnliche Bugradfahrwerk auf, das komplett einziehbar war. Die äußeren Fahrgestelle verschwanden nach dem Start in den Flügeln und inneren Motorgondeln.

Das Leitwerk mit dem als Endscheiben ausgelegtem Seitenleitwerk entsprach dem der Me 261, nur dass es um 15 Prozent vergrößert war. Das Höhenleitwerk wies eine leichte V-Stellung auf. Man entwickelte es aus Kapazitätsgründen bei Fokker in Holland. Die V1 verfügte weder über eine Abwurfanlage noch über Bewaffnung oder Panzerung. Eine Druckkabine war ebenfalls nicht eingebaut, aber für später angedacht.

Erstflug

Cheftestpilot Karl Baur führte am 23. Dezember 1942 in Augsburg den Erstflug der Me 264 V1, Werknummer 26400001, mit der Kennung RE+EN, durch. Das Fahrwerk blieb während des Fluges ausgefahren. Doch die Bremsen fielen aus und die Maschine wurde bei der Landung leicht beschädigt. Der nächste Erprobungsflug fand am 20. Januar 1943 statt. Zwei Tage darauf überführte Baur die V1 nach Lechfeld, südlich von Augsburg, wo ein größeres Flugfeld zur Verfügung stand.

Während der Erprobung wurden verschiedene Probleme deutlich: Vor allem gaben die zu hohen Quer- und

Aufnahmen, die womöglich während des Erstflugs am 23. Dezember 1942 entstanden. Das Fahrwerk blieb sicherheitshalber ausgefahren. Die zu hohen Ruderkräfte an Quer- und Seitenruder wurden von Anfang an beanstandet

Seitenruderkräfte sowie Störungen am Fahrwerk und der Hydraulik Anlass zur Kritik. Am 23. März 1943 führte ein Hydraulikschaden sogar zur Bauchlandung der V1, die glücklicherweise glimpflich abging, jedoch die Erprobung verzögerte. Die Schwierigkeiten mit dem Seiten- und Höhenleitwerk resultierten wohl auch aus ihrer Unterdimensionierung. Ausgleichsgewichte, die gefährliche Schwingungen im Leitwerk beseitigen sollten, brachten nicht den gewünschten Effekt. Auch die Ruderanlage der V1 benötigte eine Überarbeitung. Außerdem waren die Servomotoren für die Kurssteuerung zu schwach.

Bei der Konstruktion der Me 264 legte man auf die aerodynamische Ausgestaltung besonders hohen Wert. Die schlanke Maschine kam Messerschmitts Vorstellung vom »Optimal-Flugzeug« schon recht nahe

Die V1 nach ihrer Bruchlandung am 23. März 1943 in Lechfeld. Bei der Landung wurde das rechte Fahrwerksbein gebrochen

Bis zum 6. August 1943 fanden insgesamt 36 Erprobungsflüge statt. Bei zwei Testflügen erreichte Flugkapitän Karl Baur mit der ästhetischen »Viermot« über 600 km/h. Neben Baur flog auch Messerschmitt-Werkspilot Fritz Wendel die Me 264.

Am 9. März 1943 flog Stabsingenieur Friebel vom RLM als erster externer Pilot die V1. Ein eingehendes Urteil mochte er aber wegen der kurzen Flugdauer von 27 Minuten nicht abgeben. Am 2. Juni steuerte Oberst Barsewich vom Generalstab der Aufklärungsflieger die »264« für 14 Minuten. Doch er fand die Maschine zu langsam für den Kampfeinsatz. Acht Tage später rollte Flugbaumeister Böttcher vom RLM an den Start. Obwohl die Me 264 nicht vollgetankt und daher mit eher niedrigem Fluggewicht startete, erreichte das Flugzeug wegen hoher Lufttemperaturen nur eine sehr geringe Höchstgeschwindigkeit. Böttcher äußerte große Bedenken hinsichtlich der Sicherheit der Me 264.

Die »264« mit BMW 801

Am 11. August 1943 nahm man die Me 264 aus dem Flugbetrieb, um sie auf den leistungsstärkeren Doppelsternmotor BMW 801 MG/2 (1730 PS) umzurüsten. Neben dem Motorenwechsel waren viele weitere Änderungen notwendig. Während der gesamten Erprobung wurden die Flügel nicht, wie auf zahlreichen Darstellungen zu sehen, verlängert. Die längeren Außenflügel sollte erst die V2 erhalten. Ein Luftangriff am 18. März, bei dem das Flugzeug leicht beschädigt wurde, führte zu einer kurzen Verzögerung.

Während der Triebwerks-Standläufe traten durch Ungenauigkeiten bei der Luftschraubeneinstellung große Probleme auf. Außerdem ließen sich die Motoren nur schwer abstimmen. Im April 1944 waren die Arbeiten abgeschlossen.

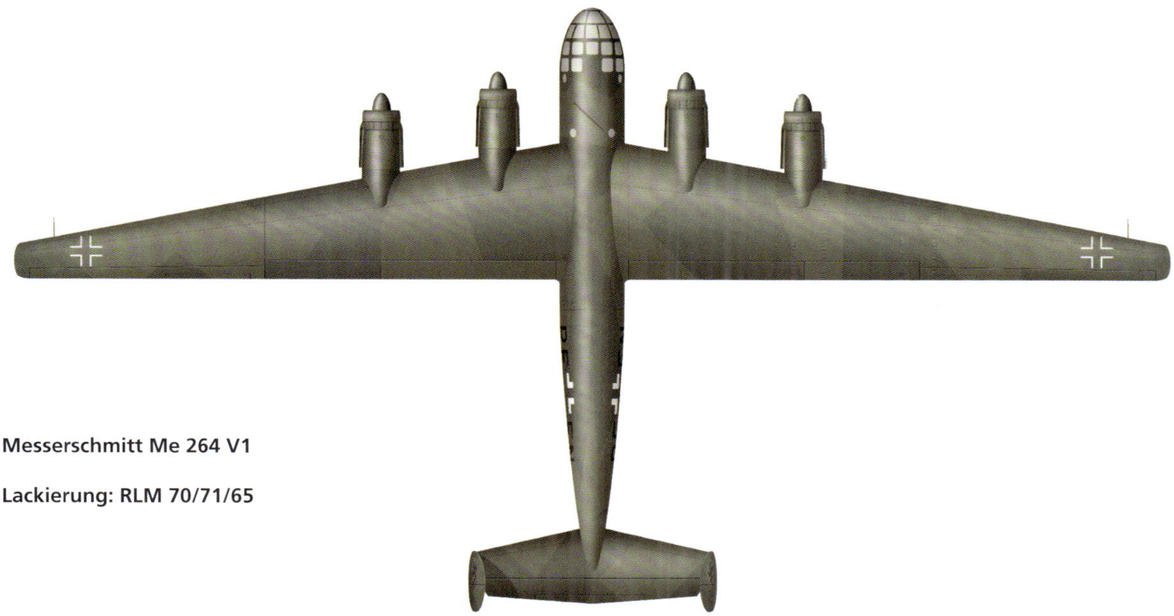

Messerschmitt Me 264 V1

Lackierung: RLM 70/71/65

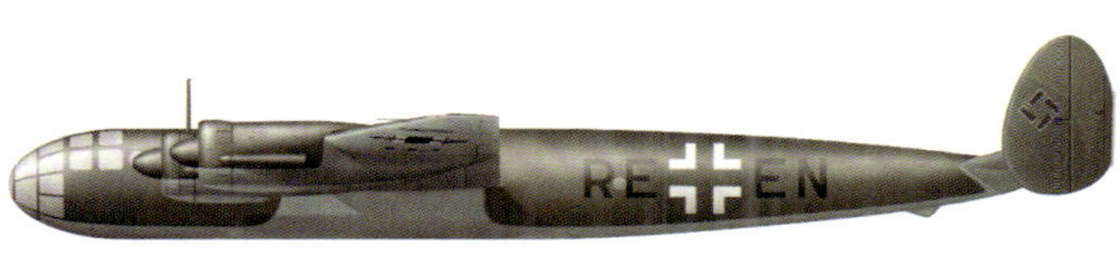

© Herbert Ringlstetter – Aviaticus.com

Technische Daten – Messerschmitt Me 264 V1/H-3*

Me 264	V1
Einsatzzweck	Versuchsflugzeug (Langstreckenbomber)
Besatzung	7*
Antrieb	4 x BMW 801 MG/2 TC-1 14-Zylinder-Doppelsternmotor, luftgekühlt 4 x DB 603* V-12-Zylinder-Reihenmotor
Startleistung	4 x 1730 PS – ges. 6920 PS
Spannweite	38,90 m 43,10 m*
Länge	20,11 m 20,55 m*
Höhe	4,28 m
Flügelfläche	125 m²*
Flächenbelastung	400 kg/m²*
Leergewicht	18 090 kg*
Startgewicht	50 000 kg*
Marschgeschwindigkeit	350 km/h*
Höchstgeschwindigkeit	ca. 600 km/h 610 km/h mit Notleistung*
Landegeschwindigkeit	134 km/h*
Normale Reichweite max.	11 300 km mit 8400 kg* 15 000 km mit 2000 kg*
Dienstgipfelhöhe	9000 m*
Abwurflast	keine bis zu 8400 kg*
Abwehrbewaffnung	keine je nach Einsatzart mehrere, möglicherweise auch fernbediente Waffenstände mit MG 131 und MG 151* H-3: 2 x MG 131 – 13 mm 4 x MG 151/20 – 20 mm

* als Einsatzflugzeug Me 264 H-3 mit DB 603

Nach einem Testflug wird die Me 264 inspiziert. An den Motorverkleidungen der Jumo 211 sind starke Ölspuren zu erkennen

Doch schon am 14. April 1944 rissen bei Rollversuchen die Bremsbacken. Zum Erstflug mit BMW-Motoren kam es am 16. April 1944. Noch am selben Tag flogen auch die beiden Piloten der Erprobungsstelle Rechlin, Knemeyer und Scheibe, die Me 264. Scheibe kritisierte vor allem die zu hohen Ruderkräfte. Knemeyer zeigte sich mit dem »Schiff«, wie er die »264« nannte, insgesamt zufrieden. Lediglich die verzerrte Sicht, hervorgerufen durch die stark gewölbten Scheiben der Kanzel, gefiel im nicht. Alle anderen bis dahin aufgetretenen Mängel seien seiner Meinung nach behebbar, und man könne die Me 264 »von der Stange weg kaufen«.

Anschließend überführte Karl Baur die V1 zurück nach Memmingen. Dort setzte er die schwere Maschine zu hart auf, und der Notsporn riss aus dem Heck. Nachdem der Schaden beseitigt war, flog am 26. April 1944 ein weiterer Flugzeugführer der E-Stelle Rechlin, Hauptmann Nebel, die V1 für 19 Minuten. Dabei missfielen ihm die Seitenruderkräfte und spürbaren Schwingungen. Als »noch erträglich« bezeichnete er die Querruderkräfte.

Die weitere Erprobung der Me 264 V1 lief bis zum 26. Juni. Auf mindestens einem der Testflüge waren Attrappen der Waffenstände eingebaut. Nach dem 52. Start und einer Gesamtflugzeit von 38 Stunden und 22 Minuten musste die V1 erneut zu Reparaturzwecken pausieren.

Zu einem weiteren Flug sollte es nicht mehr kommen: Am 18. Juli 1944 wurde die Me 264 V1 während eines alliierten Luftangriffs so stark beschädigt, dass der Wiederaufbau nicht mehr infrage kam.

Me 264 V2 bis V6

Der Bau der beiden anderen V-Muster war zum Teil schon weit fortgeschritten. Die Planung sah wahrscheinlich vor, neben einer Bruchzelle V0 weitere sechs Flugzeuge zu bauen. Dabei sollten die V2 und V3 mit der für den Einsatz notwendigen Ausrüstung versehen werden. Fertiggestellt hat man keines der Flugzeuge mehr.

Was durch den Luftangriff nicht zerstört worden war, transportierte man per Bahn nach Offingen bei Neu-Ulm, wo man die Teile einlagerte. Denn in Augsburg fehlte es an Fertigungskapazität.

Ende 1944 sollte das »Sonderkommando Nebel« aus den vorhandenen Bauteilen eine flugklare Maschine für Sonderaufgaben bauen. Um welche Aufgaben es sich dabei handelte, ist bis heute umstritten. Spekulationen über den vorgesehenen Einsatz der Me 264 als Atombomber dürfen aber getrost ins Reich der Sagen wandern. Ein letzter Einsatz als Fernaufklärer oder Kurier- und Reisemaschine – für wen auch immer – scheint doch wahrscheinlicher. Doch die Bemühungen des Kommandos scheiterten ohnehin.

Wirre Aufgabenplanung

Abgesehen von den technischen Schwierigkeiten bei Entwicklung, Bau und Erprobung der Me 264, fiel es den Luftwaffe-Verantwortlichen äußerst schwer, sich über Bedarf, Auslegung und Aufgabenstellung der Me 264 zu einigen und klare Vorgaben zu definieren.

Die Einsatzplanungen für die Me 264 reichten vom Fernkampfflugzeug mit unterschiedlichsten Traglasten, Triebwerken und Bewaffnungen bis hin zum Fern- und Sonderfernaufklärer, Höhenkampf- oder Kurierflugzeug. So manchem, auch dem hoch dekorierten Kampfflieger Werner Baumbach, schwebte ein Fernbomber, ein »Amerikabomber«, vor, mit dem Städte an der Ostküste der USA, wie etwa New York, angegriffen werden könnten. Um den Vorgaben gerecht zu werden, konzipierte Messerschmitt zahlreiche Varianten und Weiterentwicklungen der Me 264, so etwa mit sechs Motoren, Pfeilflügeln, Propellerturbinen, Strahltriebwerken oder auch Mischantrieben bis hin zur Dampfturbine.

Die Kriegslage, mangelnde Produktions- und Entwicklungskapazitäten sowie die Entscheider im RLM erschwerten die Entwicklungsarbeiten enorm. Auch die vom RLM favorisierte Focke-Wulf Ta 400 kam nicht über das Erprobungsstadium hinaus. Am 18. Oktober 1944 kam für die Me 264 endgültig das Aus.

Während der Erprobung mit der auf BMW-Motoren umgerüsteten Me 264 V1. Die Maschine ist hier mit Waffenstand-Attrappen ausgerüstet. Dritter von links ist Cheftestpilot Karl Baur

Mehr Leistung im Jahre 1944: die Me 264 V1 mit BMW 801 MG/2

Während der Testflüge wurden Geschwindigkeiten bis zu 600 km/h erreicht. Als bewaffneter Fernaufklärer sollte die Me 264 maximal 2000 kg an Bombenlast im Rumpf mitführen

Mistel-Ausführung Messerschmitt Bf 109 E und DFS 230. Das Gespann war eigenstartfähig

■ Von den britischen Anfängen zur Mistel 1 – Teil 1

Beethoven-Gerät – Mistel

Zunächst sollte mit der Huckepack-Fliegerei ein neues Schleppverfahren für Lastensegler entwickelt werden. Bald jedoch kam eine weitere Idee hinzu, wie man ein Mistelgespann nutzen könnte: hochexplosiv ...

Schon im Mai 1916 flog in Großbritannien erstmals ein Flugzeuggespann in Huckepack-Anordnung: Ein Doppeldecker-Flugboot des Typs Felixstowe Porte Baby startete mit einem Jagdflugzeug Bristol Scout auf der oberen Tragfläche. Gedacht war der fragile Zusammenschluss zur Abwehr deutscher Luftschiffe weit draußen über dem Kanal, was mit der Reichweite eines Kampfeinsitzers (Jäger) nicht möglich war. Einsatztauglich wurde die Sache jedoch nicht.

Erst 1935 kam es im Vereinigten Königreich zu weiteren Versuchen mit übereinander angeordneten Flugzeugen in Form der Short Mayo Composite, die Fracht über den Atlantik sowie in andere weit entfernte Gebiete fliegen sollte. Das Gespann bestand aus den beiden viermotorigen Seeflugzeugen Short S.21 Maia und Short S.20 Mercury, die im Januar 1938 erstmals gemeinsam starteten. Die Idee dahinter bestand darin, die obere Maschine nach Erreichen der Reiseflughöhe von der Führungsmaschine abzukoppeln. Da sie bereits in der Luft war, konnte das »Ab«-Fluggewicht der S.20 höher ausfallen, als beim eigenständigen Start. Die Short Mayo Composite blieb bis Januar 1939 im Einsatz. Beim Nachfolgemuster, dem Flugboot Short S.26, wurde die Idee wieder fallen-

Mit dem Gespann Bristol Scout/Felixstowe Porte Baby kam es bereits 1916 zum ersten erfolgreichen Huckepack-Flug

gelassen. Zudem verhinderte die drohende Kriegsgefahr weitere Flüge des Unikums.

Erste deutsche Versuche

In Deutschland kam es erst ab September 1942 zu ersten Versuchen dieser Art. Der von der DFS (Deutsche Versuchsanstalt für Segelflug) entwickelte Lastensegler DFS 230 sollte von einer Schleppmaschine in die Luft gebracht werden. Jedoch nicht im normalen Verfahren hinter einem Motorflugzeug, sondern von einer auf dem Rücken der DFS 230 platzierten Maschine. Geführt wurde die Arbeitsgruppe von Institutsleiter Fritz Stamer. Als erste Stufe wählte man bei DFS ein leichtes Sport- und Schulflugzeug vom Typ Klemm Kl 35. Die Maschine stand vorne in hölzernen Radschalen, die auf den Flächen der DFS 230 befestigt waren. Das Heck mit dem Sporn lag auf einem Stahlstrebenbock auf, der etwas vor der Höhenflosse der DFS 230 emporragte. Aufgehängt wurde die »230« über eine Seilpyramide, die im Schwerpunktbereich der eingefederten Kl 35 eingeklinkt war.

Im Schlepptau einer Ju 52 hob die Kombination im September 1942 erstmals ab. Geflogen wurde das Gespann überwiegend vom unteren Piloten. Karl Schieferstein, der in der Klemm saß, erzählte, er und Karl Opitz in der DFS 230 machten anfänglich Steuerausschläge ohne den anderen darüber zu informieren – eine aufregende Sache für die beiden. Das Mistel genannte Huckepack-Flugzeug ließ sich zwar gut manövrieren und auch die gemeinsame Landung sowie das Trennen machten keine großen Schwierigkeiten. Doch die Höhe zu halten oder gar eigenständig zu starten, war

Auch dieses Mistelgespann konnte nicht selbstständig abheben: Focke-Wulf Fw 56 »Stößer« und DFS 230

Die Huckepack-Fliegerei gestaltete sich als heikle Sache: Wegen der geschützteren Position bevorzugte Hermann Zitter den hinteren Steuerplatz in der DFS 230. Karl Schieferstein fliegt hier die »109«

Als erste Mistel-Schleppmaschine wurde eine Klemm Kl 35 erprobt. Das Gespann hängt hier noch am Haken einer Junkers Ju 52

Unikum Short Mayo Composite. Während die Trägermaschine Short S.21 Maia eine Reichweite von knapp 1400 km hatte, brachte es die Short S.20 Mercury auf stattliche 6275 km

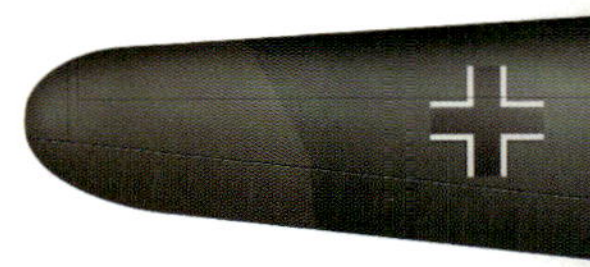

Mistelgespann DFS 230 und Messerschmitt Bf 109 E, Sommer 1943

Farbgebung: RLM 70/71/65

Die komplette Kennung der Bf 109 E ist nicht bekannt

© Herbert Ringlstetter 2013 – Aviaticus

aufgrund der schwachen Motorleistung der Kl 35 von lediglich 105 PS unmöglich.

Daher kam im Oktober 1942 eine 240 PS starke Focke-Wulf Fw 56 auf die DFS 230. Nun war zumindest der Horizontalflug möglich. Aus eigener Kraft abzuheben erlaubte aber auch diese Kombination nicht.

LINKS UND UNTEN **Erfolgreiche Trennung: Bf 109 F-4, CI+MX, W.Nr. 10184, als Führungsmaschine auf der Ju 88 A, KL+CO, während der Erprobung. Auf dem Heck der Ju 88 ist die Auffanggabel zu erkennen, die die hintere Stange nach deren Freigabe in liegender Position hielt und beim Kontakt mit dieser die Sprengladungen an den vorderen Halterungen auslöste**

Dies gelang erst im Juni 1943 mit der letzten Versuchsstufe. Eine 1100 PS starke Messerschmitt Bf 109 E brachte das Gespann selbstständig in die Luft. Das höhere Gewicht verlangte ein verstärktes Fahrwerk für die DFS 230. Der Gleiter bekam daraufhin Haupträder einer Junkers W 34 und das Spornrad einer Henschel Hs 126. Die »109« ruhte mit eingezogenem Fahrwerk auf einem Träger, der sie nur in Flugrichtung freigab. Gehalten wurde die Messerschmitt über ein nach hinten verspanntes Seil. Um die Kupplung zu lösen war ein bestimmter Anstellwinkel erforderlich.

Das Mistelgespann erschien der Erprobungsmannschaft als recht heikle Angelegenheit, da die unterschiedliche Flächenbelastung der beiden Flugzeuge beträchtlich war. Doch mit der entsprechenden Aufmerksamkeit stellte sich die Konstruktion als gut fliegbar heraus. Durch den Anbau einer Luftbremse am vorderen Träger verringerte sich die Neigung der DFS 230, nach dem Ausklinken der Bf 109 nach oben zu steigen und dieser gefährlich nah zu kommen.

Dies war gleich zu Beginn der Erprobung geschehen, als der Hilfssporn der »109« in die Kabinenhaube der »230« krachte. Bis Anfang 1944 erachteten die beteiligten Testpiloten der DFS das Gespann als einsatzreif und in vielerlei Hinsicht verwendbar.

Fliegende Bombe

Schon zu Kriegsbeginn hatte Junkers-Chefpilot Siegfried Holzbaur die Idee einer fliegenden Bombe, die von einem darüber montierten Führungsflugzeug gesteuert werden sollte. Holzbaur wollte sogar die obere Maschine zumindest teilweise in die untere strömungsgünstig integrieren. Die kuriose Waffe war zum Einsatz gegen Punktziele wie Brücken, Schiffe, Bunkeranlagen und dergleichen gedacht. Nachdem das Ziel aufgefasst war, sollte sich der Pilot in sicherer Entfernung von der fliegenden Bombenlast abkoppeln. Holzbaur ließ sich die Sache sogar patentieren, fand jedoch weder beim Technischen Amt des Reichsluftfahrtministeriums (RLM) noch bei Junkers offene Ohren für seine Idee.

Eine neue Kurssteuerung eröffnete 1941 für Holzbaurs fliegende Bombe vielversprechende Einsatz-Möglichkeiten, doch das RLM zeigte sich nach wie vor nicht interessiert.

Als die beiden hoch dekorierten Kampfflieger Dietrich Peltz und Werner Baumbach von Holzbaurs Idee erfuhren, engagierten sie sich bei Hermann Göring für die neue Waffe, da sich der Einsatz gegen Seeziele zusehends schwieriger und verlustreicher für die deutschen Kampfflieger gestaltete. Gleichzeitig aber war es von höchster Wichtigkeit, den alliierten Nachschub auf dem Seeweg zu stören. So wurden Holzbaurs Gespann-Gedanken 1943 wieder aufgegriffen. Um die Sache voranzutreiben, entwickelte Junkers in Zusammenarbeit mit der erfahrenen DFS-Mannschaft das neue große Schleppgespann.

Bf 109-Ju 88-Gespann

Als Trägerflugzeug wählte man die Junkers Ju 88, einen zweimotorigen mittleren Bomber. Die Rolle der Führungsmaschine wurde zunächst der Bf 109 F zugedacht. Bei den Jagdgeschwadern waren zu dieser Zeit in der Regel Maschinen der Gustav-Reihe im Einsatz, so griff man auf ehemalige Frontflugzeuge zurück. Die Ju 88 sollten aus Reparaturbetrieben stammen und nicht mehr als der Zustandsnote 3 entsprechen.

Es entstand ein neues, im Vergleich zu den DFS-Gespannen, wesentlich stabileres Tragegestell aus je zwei Stahlrohren in V-Anordnung. Befestigt wurde es links und rechts des Ju-88-Rumpfes an deren Flächenanschlüssen. Eine weitere V-Strebe war auf der Oberseite des Rumpfes der Ju 88 angeschlossen. Das Führungsflugzeug verband man über zwei Befestigungspunkte mittels Kugellager

OBEN Die einsatzfähige Mistelkombination DFS 230/Bf 109 im Winter 1943/44. Die »230« trug inzwischen die Kennung D-IEXX

RECHTS Im Laufe der Versuchsflüge wurde eine Luftbremse am vorderen Träger montiert

Die erfolgreichen Kampfflieger Dietrich Peltz (links) und Werner Baumbach (rechts) im Gespräch mit Luftwaffenchef Hermann Göring, der sich für die Mistel-Idee erwärmen konnte

Mechaniker an einer kabinenlosen Ju 88, die der Umbau zur fliegenden Großbombe erwartet. Die Maschinen waren so präpariert, dass der Austausch zügig über die Bühne ging

an den Hauptholmen der Flügel mit der Ju 88. Eine weitere Verbindung in Form einer dünnen Strebe bestand zwischen dem Heck des Jägers und dem Rumpfrücken des Bombers. Die Stange stand über eine Feder auf Spannung. Löste der Pilot den Trennvorgang aus, knickte die Stange nach hinten weg und bewirkte das Absenken des Jägerhecks. Der elektrische Kontakt der Stange mit der Auffangvorrichtung auf dem Heck des Bombers löste kleine Sprengsätze an den Halterungen des Jägers aus, woraufhin dieser relativ gefahrlos nach oben wegsteigen konnte.

Beethoven-Gerät

Zu Übungszwecken nutzte man Ju 88 mit normaler Kabine. Für den scharfen Einsatz ersetzte man das Rumpfvorderteil der Ju 88 durch einen Hohlladungssprengkopf von 3,6 Tonnen mit enormer Vernichtungskraft. Der so genannte »Elefantenrüssel« an der Spitze des Sprengkopfes beherbergte einen Abstandszünder, der die Ladung wie vorgesehen von hinten nach vorne explodieren ließ.

Das Gewicht der inoffiziell Mistel und laut Kodename Beethoven-Gerät genannten Huckepack-Gerätschaft betrug bis zu 21 Tonnen. Damit lag es nahe an der Belastungsgrenze der Jun-

Mistel-Erprobungsgespann Bf 109 F-4 (CI+MX) und Ju 88 A-4 (KL+CO?). Die Streben sind noch ohne Verkleidungen, der Antennenmast der Ju 88 wurde entfernt

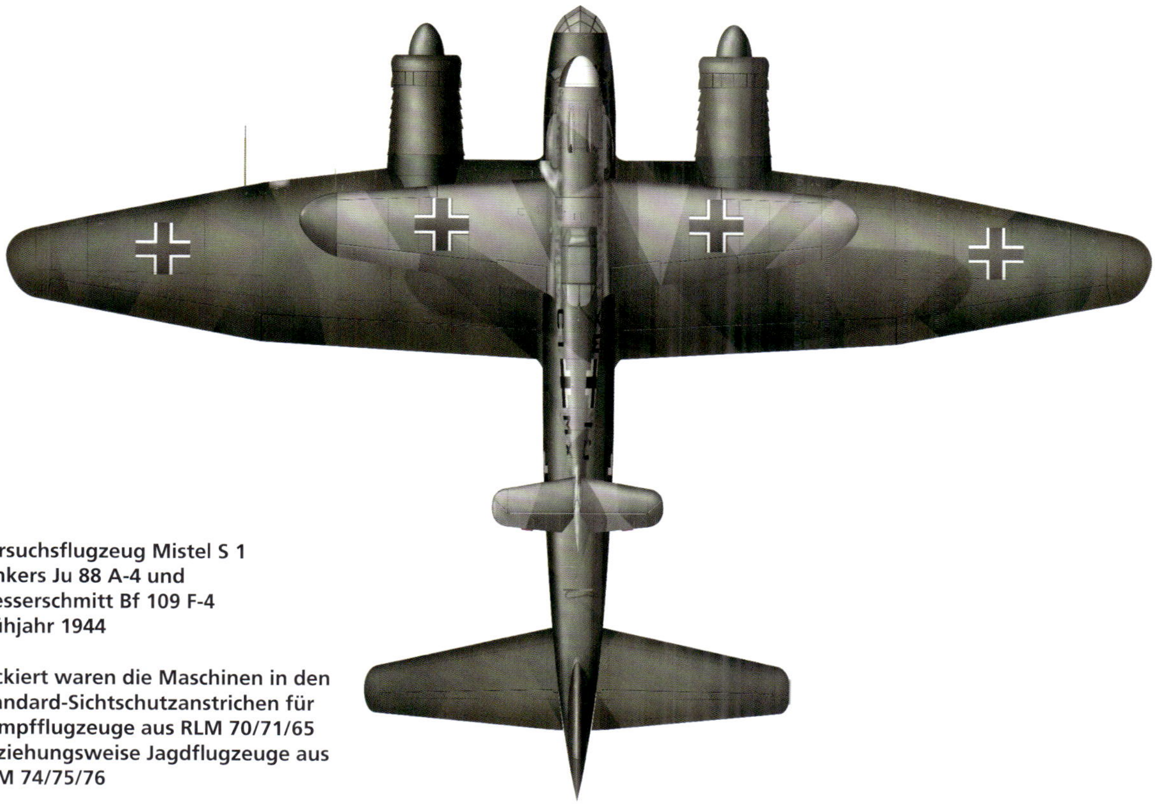

Versuchsflugzeug Mistel S 1
Junkers Ju 88 A-4 und
Messerschmitt Bf 109 F-4
Frühjahr 1944

Lackiert waren die Maschinen in den Standard-Sichtschutzanstrichen für Kampfflugzeuge aus RLM 70/71/65 beziehungsweise Jagdflugzeuge aus RLM 74/75/76

© Herbert Ringlstetter – Aviaticus.com

Die Ju 88 waren für den Nachteinsatz mit Flammenvernichtern ausgerüstet

kers Ju 88 beziehungsweise deren Bereifung.

Die Tanks der beide Flugzeuge waren entsprechend der beabsichtigten Reichweite vollgetankt, wobei die »109« ihren Treibstoff bis zum Trennen aus der »88« entnahm. So stand ihr gesamter Kraftstoffvorrat für den Rückflug zur Verfügung. Die Jagdmaschine war dann in vollem Umfang einsatzfähig. Wenngleich es in der ohnehin schon engen Kabine der Bf 109 durch den Einbau zusätzlicher für die Steuerung des Trägerflugzeuges notwendiger Ausrüstung noch enger zuging.

Mit den Erfahrungen der früheren DFS-Versuche im Gepäck verliefen die Arbeiten an der Mistel 1 zufriedenstellend und der Betrieb des sonderbaren Fluggespanns bereitete kaum Probleme. Als weitere Paarung war die Kombination aus einer Ju 88 und dem zweiten deutschen Standardjäger, der Focke-Wulf Fw 190 geplant. Bezeichnet wurden derartige Varianten als Mistel 2 und 3.

Erste scharfe Ergebnisse

Im Mai 1944 wollte Flugkapitän Holzbaur das streng geheime Beethoven-Gerät erstmals mit Sprengladung im Bug erproben. Wegen eines technischen Defekts kam es jedoch zur Nottrennung des Gespanns und die Ju 88 schlug auf der Insel Rügen auf. Verletzt wurde nie-

Einsatzklare Mistel 1 der 2./KG 101 im Juni 1944 in St. Dizier. Sämtliche Ju 88 A-4 sind mit Sprengköpfen versehen

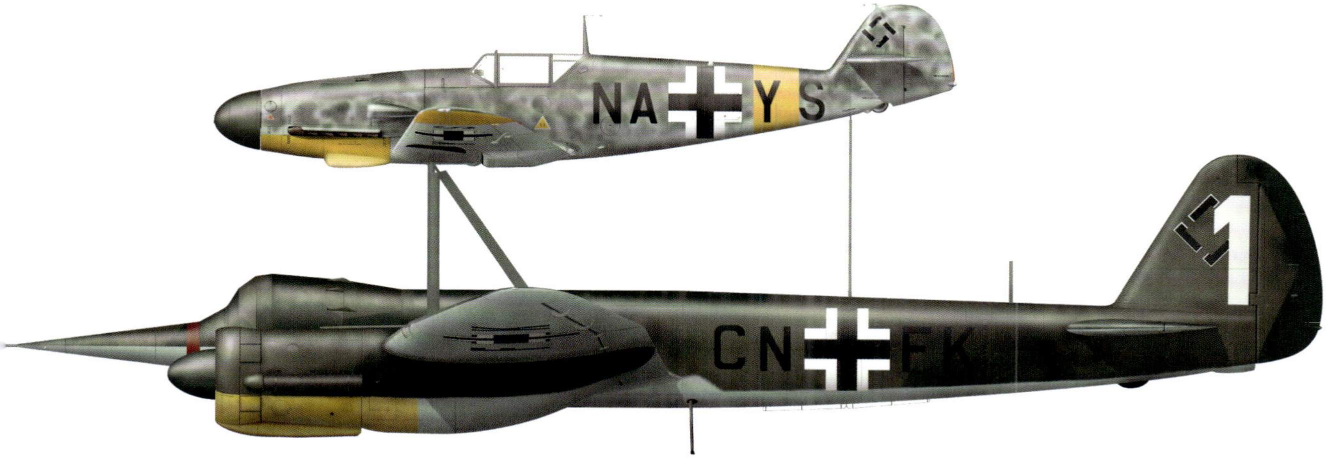

Mistel 1 aus Bf 109 F-4, NA+YS, und Ju 88 A-4, CN+FK, der 2./KG 101 in St. Dizier im Juni 1944. Dem gelben Rumpfband nach war die »109« vormals an der Ostfront eingesetzt

mand und man gedachte der »Besatzung« des verunglückten Bombers. Ein zweiter Versuch Ende Mai verlief auch nicht optimal: Die explosive »88« schlug 40 Meter längs- und 100 Meter seitlich versetzt vom Ziel auf.

Als erstes Kampfgeschwader erhielt das KG 101 fünf Exemplare des Beethoven-Geräts. Mit der Ausbildung begann die Einheit im Frühjahr 1944 in Nordhausen. Im Juni verlegte der Verband nach St. Dizier, etwa 100 Kilometer westlich von Nancy in Frankreich. Dort ersetzte man die zur Schulung genutzten Kabinen durch Sprengköpfe. Ein erster Kampfeinsatz mit der neuen Waffe war noch für denselben Monat geplant. ◀

OBEN **Das Gespann Mistel 1 bestand aus einer Bf 109 F-4 und einer Ju 88 A mit Hohlladungssprengkopf. Im Hintergrund eine Mistel S 2 aus Fw 190 A-8 und Ju 88 G**

Mistel S 2 aus Ju 88 G1, W.Nr. 590153, und Fw 190 A-8 in Merseburg im Mai 1945. Laut deutscher Baubeschreibung heißt es zum Beethoven-Gerät: »Ausgesteuertes, unbemanntes Flugzeug für Totaleinsatz«

Vielversprechend und dennoch ineffizient – Teil 2

Beethoven-Gerät – Mistel

Ab 1944 wurde die Idee des Mistel-Bombers tatsächlich einsatzpraktisch umgesetzt – mit mäßigem Ergebnis. Neben den bekannten Paarungen aus Ju 88 und Bf 109 oder Fw 190 kreierte man noch eine ganze Reihe weiterer Mistel-Ausführungen

Ein zweiter von Peenemünde aus geflogener scharfer Erprobungsflug Ende Mai 1944 hatte gezeigt, dass die Mistel-Idee funktionierte – wenngleich nicht ohne Tücken und von der Treffgenauigkeit sicherlich ausbaufähig: Junkers-Erprobungspilot Holzbaur hatte das anvisierte Ziel im Mittel um etwa 75 Meter verfehlt.

Aufklärerfotos vom 26. April 1944 gaben den Alliierten inzwischen erste Hinweise darauf, dass die Deutschen mit übereinander angeordneten Flugzeugen, bestehend aus Ju 88 und – vermutlich – Bf 109, experimentierten. Welchem Zweck diese Gespanne dienen sollten, blieb bislang allerdings im Unklaren.

Unsicher war sich auch die kanadische Nachtjäger-Besatzung Dinsdale und

Gut zu erkennen: die strömungsgünstige Verkleidung der Streben

Dunn in ihrer Mosquito Mk VIII, als sie in der Nacht zum 15. Juni ein merkwürdiges Fluggerät ausmachten. Sie hielten es am ehesten für eine Ju 88 mit einer V-1 auf dem Rücken, einer fliegenden Bombe, die wohl erst im Flug gestartet werden sollte. Dinsdale schoss die mit nur etwa 240 km/h fliegende Maschine ab. Die Explosion erleuchtete die Landschaft im Umkreis von mehreren Kilometern. Bei der abgeschossenen Mistel handelte es sich um eine von fünf Maschinen, die in dieser Nacht Tuchfühlung mit dem bevorstehenden Operationsgebiet aufnahmen. In derselben Nacht meldete ein weiterer Nachtjäger den Abschuss eines Huckepack-Flugzeuges. Als Resultat dieser neuartigen Feindberührung ging am 16. Juni eine Nachricht an alle britischen und US-amerikanischen Seestreitkräfte der Operation »Overlord«, in der vor einem neuen deutschen Bombertyp mit einem Jäger auf dem Rücken gewarnt wurde.

Erster Kampfeinsatz

Die tatsächliche Kampfeinsatzgeschichte der Mistel begann am 24. Juni 1944 mit dem Angriff auf in der Seine-Mündung liegende Schiffe, darunter, so wurde vermutet, auch das Schlachtschiff HMS Nelson. Zur Zielmarkierung flogen Ju 88 als Pfadfinder voraus. Zudem begleiteten Jäger des JG 301 die Mistel-Aktion. Von den vier gestarteten Maschinen erreichten drei gegen 23 Uhr die Seine-Mündung. Tatsächlich gelang einem der Mistel-Piloten ein Treffer. Die von ihm gelöste Ju-88-Bombe traf die Fregatte HMS Nith an Steuerbord und beschädigte sie. Neun Seeleute wurden getötet, 27 verwundet.

Die Zuführung von Mistel-Gespannen lief inzwischen rege weiter, und die 2./KG 101 wurde zur Einsatzgruppe/KG 101. Als Sprengstoffträger wurden nach der Ju 88 A-4 auch Maschinen der G-Reihe verwendet, bald auch Ju 88 H mit verlängertem Rumpf. Als Führungsflugzeuge kamen vermehrt Focke-Wulf Fw 190 A oder F auf die Trägermaschinen. Zentraler Bestandteil des Beethoven-Geräts war der 3,6-Tonnen-Hohlladungs-Sprengkopf, der besonders dazu geeignet war, stark gepanzerte Ziele zu zerstören. Um den Abstandszünder unterzubringen, nutzte man den sogenannten »Elefantenrüssel«. Bei einem Aufschlag bohrte sich zunächst geschmolzenes Weichmetall durch das Ziel, danach detonierte die eigentliche Sprengladung.

Als Leitflugzeug zur Führung eines Verbands war eine Ju 88 H mit spezieller Ausrüstung samt Fw 190 geplant. Diese war mit zwei 300 Liter fassenden Zusatztanks auf den Tragflächen, sogenannten Doppelreitern, ausgerüstet. Es blieb jedoch bei der Projektierung einer solchen Leitmaschine.

Lohnende Angriffsziele

In einem Schreiben des Luftwaffenführungsstabes vom 16. April 1944 heißt es über die Einsatzmöglichkeiten der Mistel unter anderem: »Einsatz der ›Mistel‹

Gerätebrett in einer Mistel-Fw-190. Das Gespann wurde vom Führungsflugzeug aus geflogen und daher auch mit einem Teil der Ju-88-Instrumente ausgestattet

Mistel-Jagd: Der Führungs-Pilot einer Mistel-Schulmaschine hat sich bereits verabschiedet, während die Ju 88 ihrem Ende entgegensteuert

Aufnahmen eines US-Jagdfliegers in einer P-51 Mustang während des Angriffs auf Mistel S 2 der II./KG 200

UNTEN **Eine stattliche Anzahl von elf Mistel 1 der 6./KG 200 Ende 1944, Anfang 1945 in Burg. Die Bahn musste penibel von Steinen gesäubert sein, da die Reifen wegen des hohen Abfluggewichts sehr leicht platzen konnten**

Nur projektiert: Messerschmitt Me 262 Mistel mit 262-Träger für bis zu sechs Tonnen Sprengstoff

Oktober 1945: Mistel S 3 A, die nach Farnborough/England gebracht wurde. Die Maschine gehörte ursprünglich zur II./KG 200

ist vorgesehen gegen die schweren Einheiten der feindlichen Seestreitkräfte. Bisherige Erprobung lässt erwarten, dass Schlachtschiffe und Flugzeugträger bei Volltreffern zum Sinken gebracht werden.«

Als überaus lohnende Angriffsziele für den Mistel-Einsatz erachtete die Luftwaffenführung den sowjetischen Flottenstützpunkt in Leningrad sowie die britischen Marinestützpunkte in Gibraltar und Scapa Flow. Alle Ziele lagen außerhalb der Reichweite normaler Bomber. Das Führungsflugzeug der Mistel konnte bis zum Ausklinken über den Sprengstoffträger mit Treibstoff versorgt werden, trat also mit vollen Tanks den Rückflug an.

Aufgebot gegen Royal Navy

Im Herbst 1944 herrschte auf den dänischen Flugplätzen Tilstrup, Grove und Aalborg-West reges Treiben. Die stattliche Anzahl von 60 Mistel-Gespannen wurde zusammengezogen. Grund der Anhäufung: Die Luftwaffenführung hatte sich für den Angriff gegen die britische Home Fleet in Scapa Flow entschieden. Der Deckname für das Unternehmen lautete »Drachenhöhle«.

Der Royal Navy wollte man damit einen empfindlichen Schlag versetzen: Die Briten waren gezwungen, starke Marinekräfte in Scapa Flow zu halten, da das deutsche Schlachtschiff Tirpitz in einem norwegischen Fjord lag. Die Führungsflugzeuge der Mistel-Bomber sollten nach dem Absetzen ihrer tödlichen Last nach Osten abdrehen und anschließend auf einem norwegischen Flugfeld landen.

Fortwährend schlechtes Wetter verhinderte jedoch die verwegene Operation mit langem Anflug über See. Nachdem die Tirpitz am 12. November 1944 durch britische Bomber versenkt worden war, löste sich das Ziel praktisch auf und das Vorhaben wurde aufgegeben.

Ineffektive Einsätze

Ein weiterer großer Mistel-Angriffsplan, das Unternehmen »Eisenhammer«, richtete sich gegen den Feind im Osten. Rüstungsfabriken und speziell 13 Kraftwerke im sowjetischen Hinterland stellten mehr als lohnende Mistel-Ziele dar. Doch die Zeit drängte, während die Ostfront praktisch Tag für Tag näher an die Reichsgrenzen heranrückte und ein derartiges Unternehmen allmählich unmöglich machte. Im Bereich des Machbaren lag es dagegen, alle Brücken über Oder und Neiße sowie andere relevante Flüsse zu zerstören, um den sowjetischen Truppen das Vorrücken zu erschweren.

Doch musste das Ziel nach wie vor ein außerordentlich wichtiges sein, da die Planung und der Aufwand für Mistel-Einsätze sehr groß und auch die Treibstofflage 1944/45 immer schlechter wurde.

Betraut mit dieser wichtigen Aufgabe wurde Oberstleutnant Werner Baumbach, früher Befürworter der Mistel-Idee und Kommodore des KG 200. Unter den Mistel-Fliegern befand sich im Frühjahr 1945 auch Oberst Joachim Helbig, ein äußerst erfahrener und erfolgreicher Kampfflieger. Die 6. und 7. Staffel des KG 200, entstanden aus der bereits mit Misteln ausgerüsteten III./KG 66. Kampfflugzeuge standen inzwischen in ausreichend großer Zahl zur Verfügung. Treffend wurde die Mistel bei der 6./KG 200 auch »Vater und Sohn« genannt. Entsprechend zeigte das Emblem der Staffel einen fliegenden Vater mit dem Sohn auf den Schultern.

Die prekäre Kriegslage ließ jedoch nur mehr wenige Einsätze mit dem Beethoven-Gerät zu, meist mit mäßigem Erfolg. Zum womöglich letzten Mistel-Einsatz kam es am 30. April 1945 durch von Jägern begleitete Maschinen der II./KG (J) 30, die von Peenemünde aus die Oderbrücke in Tantow zum Ziel hatten. Doch der Angriff wurde von feindlichen Jägern vereitelt und blieb erfolglos.

Während alliierter Bombenangriffe wurden zahlreiche auf den Einsatzplätzen abgestellte Mistel zerstört oder beschädigt. Die Restbestände fielen dem Feind in die Hände. Insgesamt sollen

Der 3,6-Tonnen-Hohlladungs-Sprengkopf mit »Elefantenrüssel« für den Abstandszünder war speziell für die Zerstörung stark gepanzerter Ziele konstruiert

Mistel S 3 C aus Ju 88 G-10 mit langem Rumpf und Fw 190 A-8, W.Nr. 961243, in Bernburg im April 1945

Kampf-Mistel-Varianten

Typ	Gespannmuster
Mistel-Versuchsflugzeug	Ju 88 A-4 und Bf 109 F-4
Mistel 1	Ju 88 A-4 und Bf 109 F-4
Mistel S 1 – Schulversion	Ju 88 A-4 und Bf 109 F-4
Mistel 2	Ju 88 G-1 und Fw 190 A-8 oder F-8
Mistel S 2 – Schulversion	Ju 88 G-1 und Fw 190 A-8 oder F-8
Mistel 3 A	Ju 88 A-4 und Fw 190 A-8
Mistel S 3 A – Schulversion	Ju 88 A-4 und Fw 190 A-8
Mistel 3 B	Ju 88 H-4 und Fw 190 A-8
Mistel 3 C	Ju 88 G-10 und Fw 190 F-8
Mistel S 3 C	Ju 88 G-10 und Fw 190 A-8
Mistel-Führungsmaschine	Ju 88 A-4/H-4 und Fw 190 A-8
Mistel 4	Ju 287 und Me 262
Mistel 5	Arado E.377 A und He 162
Mistel 6	Arado Ar 234 C/E und Ar 377 A

Monate nach Kriegsende: britisches Mistel-S-2-Beutestück im Winter 1945/46 in Schleswig Foto Richard Chapman

Auf Erprobungsflug: Gleit- und Raketenjäger Me 328 auf einer Dornier Do 217 K

Eine von US-Soldaten umringte Mistel S 3 C. Unterschiedliche Kraftstoffe für den BMW 801 (95 Oktan) der Fw 190 und die Jumo 213 (87 Oktan) der Ju 88 G spielten, anders als bei den scharfen Varianten, bei einer Schulmaschine keine Rolle

mindestens 200 Mistel-Gespanne mit Ju 88 als Trägerflugzeug gebaut worden sein.

Weitere Mistel-Gespanne

Besonders in den Jahren 1944/45 kam es zu einer ganzen Reihe von Flugzeugkombinationen, die in Huckepack-Anordnung geplant waren oder auch tatsächlich flogen. Lediglich projektiert wurde beispielsweise die Mistel-Variante der schnellen Focke-Wulf Ta 154. Mit mindestens zwei Tonnen Sprengstoff im Bug beladen, sollte sie in Verbund mit einem als Führungsflugzeug fungierenden einmotorigen Jäger Fw 190 A fliegen. Das »Sprengstoffträger Beethoven« genannte Mistel-Gespann-Projekt wurde im Juni 1944 im Reichsluftfahrtministerium vorgelegt. Letztlich aber erachtete man die Ta 154 dazu als ungeeignet.

Auch für die Messerschmitt Me 262 gab es Überlegungen, die schnelle Maschine für den Mistel-Einsatz zu nutzen. Als Sprengstoffträger plante man eine »262« ohne Kabine und Fahrwerk. Als Führungsflugzeug kam auch eine Heinkel He 162 infrage. Daneben war eine Reihe weiterer Sprengstoffträger geplant, etwa die Arado E.377A mit 4500 Kilogramm Sprengstoff. Abheben sollte das Ganze mittels Startwagen, der schon bei der Erprobung des Strahl-Aufklärers und Bombers Ar 234 erfolgreich genutzt wurde.

Auch für das Jagdflugzeug Me 328 sah man den Mistel-Einsatz vor. Es sollte auf dem Rücken eines Trägerflugzeugs zum eigentlichen Einsatz auf Höhe gebracht werden. Für mehr Flexibilität erhielt der kleine Jäger zwei Pulso-Schubrohre Argus As 014 mit je 360 Kilopond Schub.

Eine andere Nutzung der Huckepack-Anordnung war die als Versuchsträger, um praktische Untersuchungen durchzuführen.

Schulgespanne Mistel S 2. Wenngleich von den Flugzeugen nicht allzu viel zu sehen ist, zeigt besonders die untere Aufnahme doch sehr deutlich den hellen Anstrich der Ju 88, der nur auf den Oberseiten abgedunkelt ist – möglicherweise mit RLM 74 oder 75, vielleicht auch späten Farben wie RLM 81 oder 82

Die Werknummer 110813, eine Me 262 A-1a, wurde zum Jagdbomber umgebaut, dann aber wieder rückgerüstet und als „Grüne 3" dem Kommando Nowotny zugeteilt

Fotos, wenn nicht anders vermerkt: Archiv Ringlstetter – Aviaticus.com

Blitzbomber, Aufklärer und Nachtjäger

Messerschmitt Me 262

Obwohl im Grunde als Jagdflugzeug entwickelt, sah Adolf Hitler in der Me 262 den ersehnten Blitzbomber, mit dem der erwartete Landungsversuch der alliierten Invasionstruppen schon im Ansatz zerschlagen werden sollte.

Schon im Mai 1943 hatte man bei Messerschmitt den Entwurf einer Jagdbomber-Ausführung der Me 262 ausgearbeitet. So antwortete Willy Messerschmitt auf Hitlers Frage im November 1943, ob die Maschine auch Bomben tragen könne, mit ja – sogar 1000 kg wären möglich. Dass dies noch nicht erprobt worden war, verschwieg Messerschmitt allerdings.

Hitler gab den Befehl, die Me 262 ausschließlich als Schnellstbomber zu bauen und einzusetzen – eine fatale Fehlentscheidung. Zudem stand in absehbarer

LINKS Me 262 V7, W.Nr. 170303 – versuchsweise wurde die zweite V7 Anfang 1945 mit zwei 500-kg-Bomben geflogen. Beim Start sorgten zwei Startraketen für zusätzlichen Schub

Zeit mit der ebenfalls zweistrahligen Arado 234 ein hierfür weitaus besser geeignetes Muster zur Verfügung.

Einsatztauglich war weder die Jagd- noch die Bomberversion der Me 262. Die Bomber-Weisung Hitlers erforderte einen beträchtlichen zusätzlichen Entwicklungs- und Erprobungsaufwand, der weitaus sinnvoller der Jagdausführung zugute gekommen wäre. Abgesehen von der Einsatzfrage machte jedoch auch die Unzuverlässigkeit der überaus empfindlichen Düsentriebwerke zu schaffen.

Blitzbomber

Zur Aufnahme der Abwurflast wurden unter dem Vorderrumpf zwei Träger ETC 503 A-1 oder zwei so genannte speziell für die Me 262 entwickelte Wikingerschiffe installiert. Neben 250- oder 500-kg-Bomben, konnten auch Waffenbehälter gleichen Gewichts oder ein Bombentorpedo BT 200 mitgenommen werden. Versuchsweise wurde eine Bombenlast von 1000 kg montiert, die zwar machbar, aber für den normalen Fronteinsatz nicht empfehlenswert war.

Per Rüstsatz wurden Me 262 A-1a-Jäger zum Schnellkämpfer umgerüstet, wobei auch das Fahrwerk und die Reifen verstärkt wurden. Für einen beschleunigten Start konnten zwei jeweils 500 kp Schub erzeugende Startraketen installiert werden. Als Starrbewaffnung verfügte der auch Sturmvogel genannte Jagdbomber nur über das untere Paar Maschinenkanonen MK 108 in der Rumpfnase. Der Munitionsvorrat lag bei 100 Schuss je Waffe. Als Zielvorrichtung diente beim Jagdbomber ein Reflexvisier Revi 16 D.

Der Treibstoffvorrat von normalerweise 2570 l konnte im Bombereinsatz nicht ausgeschöpft werden, wobei der hintere 600 l fassende Rumpftank mit maximal 400 l befüllt werden durfte. Der Treibstoff war dieselähnlich und einfach herzustellen. Der wesentlich günstigeren Erzeugung des J 2 genannten Kraftstoffs stand allerdings auch ein im Vergleich zu benzinbetriebenen Kolbenmotoren wesentlich höherer Verbrauch der Jumo 004 B-Strahltriebwerke gegenüber.

Als regulärer Jagdbomber kam 1944 die Me 262 A-2a, die jedoch auch für den Einsatz als Jäger vorgesehen und entsprechend einfach rückrüstbar war.

Versuche mit per Deichselschlepp, Fahrgestell und der Fläche einer V-1 in die Luft gebrachter 500- und 1000-kg-Bomben verliefen insgesamt unbefriedigend.

Um einen möglichst gezielten Bombenwurf im Horizontalflug zu ermöglichen, erhielt der Schnellstbomber Me 262 A-2a/U2 (V484, W.Nr. 110484) eine hölzerne Bugkanzel für die Auf-

Beladener Blitzbomber Me 262 A des KG 51. Selbst mit Bomben, meist 2 x 250 kg, war die Messerschmitt-Konstruktion noch schneller als jeder alliierte Kolbenmotorjäger. So war es nur im Sturzflug oder Gegenanflug möglich, an einen Turbo heranzukommen

Me 262 A-2a der 1. Staffel des KG 51 mit individuellem Tarnmuster, das in ähnlicher Form bei den Kampffliegern öfter vorkam. Das weiße Y der Kennung 9K+YH war wesentlich größer als die restlichen Buchstaben aufgemalt

Per Deichselschlepp bringt Gerd Lindner mit der Me 262 V10 im Oktober 1944 versuchsweise eine mit V-1-Tragfläche und Fahrgestell versehene 1000-kg-Bombe in die Luft

Schnellstbomber Me 262 A-2a/U2, V555, mit Bugkanzel für den Bombenschützen und dem Zielgerät Lotfe 7 H. Ein deutscher Pilot landete die V555 mit zwei Kameraden an Bord am 8. Mai 1945 bei den Amerikanern. Die Aufnahme entstand beim Abtransport durch US-Personal US Air Force

Schuldoppelsitzer Me 262 B-1a, W.Nr. 170075, der I./KG(J) 54

Die V056 (W.Nr. 170056) wurde Anfang 1945 in Lechfeld mit einem Siemens-Bordfunkmessgerät FuG 218 V2 Neptun erprobt

Me 262-Verbände

Me 262-Verbände ab Ende 1943 aufgestellt und teilweise ineinander übergehend

- Erprobungskommando 262 (Ekdo.- 262) – III./ZG 26
- Einsatzkommando Schenk (E 51) – 3./KG 51
- Kampfgeschwader 51 Edelweiß (I., II., IV.(Erg.)/KG 51)
- Kommando Nowotny (III./JG 6)
- Ergänzungsjagdgeschwader 2 (III./EJG 2)
- Kampfgeschwader (Jagd) 54 (I., II., III./KG(J)54)
- Kommando Welter (10./NJG 11)
- Nahaufklärungsgruppe 6 (NAGr. 6)
- Jagdgeschwader 7 (I., II., III./JG 7)
- Jagdverband 44 (JV 44)
- Sowie weitere kleinere Einheiten

nahme eines Bombenschützen, der liegend darin Platz fand und über ein Bombenzielgerät Lotfe 7 H den Abwurf lenkte. Zur Lastaufnahme dienten ETC 504-Bombenträger. Bis auf die berechtigte Angst des Bombenschützen vor einem funktionsuntüchtigen Bugrad, war die Konstruktion viel versprechend und ein zweites Exemplar dieser Art, die W.Nr. 110555 (V555) mit veränderter Bugkanzel, flog erstmals im Februar 1945. Zum Einsatz kam jedoch keines der Flugzeuge.

Ein weiteres Bombenzielgerät, die Tiefwurf- und Schleuderanlage TSA 2 D wurde in drei Me 262 A/U1 zusammen mit einem Revi 16 B noch 1944 mit Erfolg in Rechlin erprobt.

Aufklärer

Schon 1941 gab es erste Entwürfe für eine Aufklärer-Version der Me 262. Als Me 262 A-1a/U3 (später als A-5a geplant) zeigte der überarbeitete Entwurf 1943 einen Behelfsaufklärer mit zwei zusammen 145 kg schweren Reihenbildkameras Rb 50/30, die im Rumpfbug untergebracht waren. Zusätzlich verkleidet durch zwei längliche Beulen waren die Kameras in einem Winkel von 11° nach außen installiert. Die Bewaffnung war ausgebaut oder auf eine Maschinenkanone MK 108 reduziert. Die Funkausrüstung bestand aus einem FuG 16 ZS.

Doppelsitzer

Ende April 1944 begannen bei Blohm & Voss (später auch bei der Lufthansa) die Umbauarbeiten an der zweisitzigen Me 262 B-1a, einer Schulmaschine mit Doppelsteuerung, mit der es endlich möglich werden sollte, vernünftige und effektive Einweisungen auf den Strahljäger durchzuführen. Um Platz für den zweiten Mann zu schaffen, reduzierte man das Fassungsvermögen des hinter dem Führersitz gelegenen 900-l-Tanks

Me 262 A-1a Jabo
W.Nr. 130179
Schwarzes F
Kommando Schenk
Sommer 1944

Lackierung: RLM 74/75/76

© Herbert Ringlstetter – Aviaticus.com

Etliche Maschinen wurden nach Kriegsende in die USA verschifft und dort umfassend untersucht, darunter auch diese Me 262 B-1a/U1 (ehem. »Rote 6«, W.Nr. 110306, der 10./NJG 11). Die FE-610 am Heck stand für Foreign Equipment 610

Führer- und Bordfunkerraum eines Me 262 B-1a/U1-Nachtjägers

auf 400 l und des hintersten von 600 auf 250 l. Zwei abwerfbare 300-l-Zusatztanks verhalfen zu mehr Treibstoff, während die Bewaffnung von vier MK 108 bestehen blieb. 67 Maschinen sollen derart umgebaut worden sein.

Zweisitziger Schnellstbomber Me 262 V555, W.Nr. 110 555, auch V11 genannt, mit Bugkanzel für den liegend untergebrachten Bombenschützen. Das Flugzeug flog erstmals im Februar 1945 (siehe auch Foto Seite 28)

Der Nachtjäger Me 262 B-1a/U1 (serienmäßig als B-2 geplant), basierend auf der Schulmaschine, war mit einem Bordfunkmessgerät FuG 218 Neptun ausgestattet, das eine Reichweite von 5000 m bei einem Suchwinkelbereich von 1200 m aufwies und vom hinten sitzenden Bordfunker bedient wurde.

Zahlreiche Weiterentwicklungs-Projekte wurden nicht mehr realisiert, so beispielsweise der Schnellbomber Ia mit wesentlich weiter vorne liegender Führerkabine, der Schnellbomber II mit im erweiterten Rumpf untergebrachter Abwurflast oder der Aufklärer II mit ebenfalls bauchigerem Rumpf für die Kameraausrüstung. Das Kriegsende setzte den an weiteren Neuerungen und Entwürfen arbeitenden Messerschmitt-Entwicklern ein jähes Ende.

Einsatz

Die Aufstellung eines Verbandes zur Erprobung der Me 262 als Jagdbomber, das Kommando Schenk, als Teil des Kampfgeschwaders 51, erfolgte im Frühsommer 1944. Hitlers Weisung entsprechend hatte die Jabo-Einheit Vorrang. Der tatsächliche Einsatz der Me 262 als Bomben tragendes Kampfflugzeug gestaltete sich schwierig. Ab Mitte des Jahres begannen die Schnellkämpfer vom Kommando Schenk mit wenigen Maschinen scharfe Einsätze zu fliegen. Die gewöhnliche Bombenbestückung bestand aus einer oder zwei SC bzw. SD 250 oder einer SC bzw. SD 500. Da keine geeignete Zieleinrichtung vorhanden und zudem die Sicht des Flugzeugführers nach unten sehr eingeschränkt war, wurde in einem 40° steilen Bahnneigungsflug mit 950 km/h aus 5000 m auf das Ziel gehalten und bei spätestens 2000 m abgefangen. Eine links und rechts an der Kabinenhaube verlaufende schräge Linie half dabei, den Neigungswinkel einzuhalten. Bald wurde jedoch per Führerbefehl verboten, über Feindgebiet tiefer als 4000 m zu fliegen. Auf keinen Fall sollte eine Me 262 (Tarnname Silber) dem Feind in die Hände fallen. Außerdem durften 750 km/h nicht überschritten werden. Erst im Dezember 1944, inzwischen waren weitere Me 262-Kampfverbände im Einsatz, wurde diese unsinnige und wenig Erfolg bringende Maßnahme wieder aufgehoben. Wirklich sinnvoll waren die Bombereinsätze aber ohnehin nicht und insgesamt gesehen blieben die Angriffe bedeutungslos. So wurden ab 1945 zunehmend auch Jabos zu Jagdeinsätzen herangezogen, die sie schon Mitte 1944 hätten fliegen können.

Anfang Dezember 1944 wurde auch eine Me 262-Nahaufklärereinheit, das Einsatzkommando Braunegg, aufgestellt, das später der Nahaufklärergruppe 6 unterstellt wurde. Ausgerüstet war der Verband mit Behelfs-Aufklärern Me 262 A-1a/U3, den schnellsten Aufklärern des Zweiten Weltkriegs.

Im November 1944 wurde Leutnant Welter versuchsweise die Nachtjagd mit nur wenig modifizierten Me 262 A-1a genehmigt, der Geburtsstunde des Kommandos Welter. Geflogen wurde in Zusammenarbeit mit dem Flakführer Berlin nach dem Verfahren „Wilde Sau", das auf Sichtkontakt beruhte. Ergänzt durch weitere Piloten wurde das Kommando als 10. Staffel dem Nachjagdgeschwader 11 zugeordnet. Welter erzielte schnell Erfolge. Sein bevorzugtes Ziel: die schnellen britischen Mosquitos, die als Pfadfinder für die Bomber fungierten. Im März 1945 wurden die ersten Behelfsnachtjäger Me 262 B-1a/U1 zugeteilt, mit denen das Kommando bis Kriegsende im Einsatz stand. Der zum Oberleutnant beförderte Kurt Welter soll inoffiziell 35 Luftsiege mit der Me 262 erzielt haben. Die Staffel blieb die einzige mit Düsenjägern ausgestattete Nachtjagdeinheit.

Zu wenige und zu spät

Wenngleich technisch überlegen, konnte auch die Me 262 keine Wende im Kampf um das „tausendjährige" Deutsche Reich mehr herbeiführen. Neben technischen Schwierigkeiten spielte die verfehlte Prioritätensetzung in Fertigung und Einsatz eine entscheidende Rolle in der Geschichte der Me 262, zu der auch tausende von Zwangsarbeitern gehören, die für die Fertigung der Me 262 herangezogen wurden und dabei ihr Leben verloren. Die fatale Kriegslage beendete schließlich die Entwicklung und Einsatzzeit des ersten einsatzfähigen Strahlflugzeugs der Welt. Für die Alliierten wurde die Me 262 zur willkommenen Entwicklungshilfe für eigene Strahljägerkonstruktionen.

1433 Me 262 sollen gebaut worden sein, von denen wahrscheinlich nicht einmal ein Fünftel noch zum Einsatz kam. In der Tschechoslowakei baute man nach dem Krieg die A-1a bei Avia als S-92 und die B-1a als CS-92 nach.

Mit dem von weitaus zuverlässigeren General Electric-Triebwerken angetriebenen Nachbau der Me 262 gibt die Messerschmitt Stiftung die Möglichkeit, das einst so gefährliche wie bahnbrechende Strahlflugzeug in friedlicher Atmosphäre zu erleben. So wird sich die Me 262 nicht nur für ausgemachte Kriegsflugzeug-Enthusiasten zum Glanzlicht von so mancher Flugschau erheben. ◀

Auch dieser Strahlaufklärer Me 262 A-1a/U3 der NAGr. 6 fiel in alliierte Hände. Wegen der Kameraausrüstung mussten links und rechts am Bug Beulen angebracht werden US Air Force

Messerschmitt Me 262

Messerschmitt Me 262	**A-2a (mit 2 x 250-kg-Bombe)**	**B-1a/U1**
Einsatzzweck	Schnellstbomber (Jagdbomber)	Behelfs-Nachtjäger
Besatzung	1	2
Baujahr	1944	1945
Antrieb	2 x Junkers Jumo 004 B-1	
Schubleistung	2 x 900 kp	2 x 900 kp
Spannweite	12,65 m	12,65 m
Länge	10,60 m	10,80 m
Höhe	3,83 m	3,83 m
Flügelfäche	21,70 m²	21,70 m²
Leergewicht	4150 kg	–
Fluggewicht	6150 kg	–
Fluggewicht mit Überlast	7100 kg (mit 2400 l Treibstoff)	6700 kg
Höchstgeschwindigkeit	720 km/h in 0 m 750 km/h in 6000 m 690 km/h in 9000 m	770 km/h in 0 m 795 km/h in 6000 m –
Höchst zul. Geschw.	950 km/h bis 8000 m 300 km/h bei Fahrwerkbetätigung 1000 km/h im Sturzflug	– – –
Landegeschwindigkeit	180 km/h	180 km/h
Steigleistung	ca. 15 m/sec Anfangsrate ca. 7 m/sec in 6000 m 8000 m in 20,5 min	– – –
Startrollstrecke	ca. 1050 m ca. 630 m mit Startraketen	– –
Reichweite normal maximal	ca. 470 km in 6000 m ca. 550 km in 6000 m	– ca. 900 km
Flugdauer max.	1,2 h in 6000 m	–
Dienstgipfelhöhe	10 500 m (bei 5500 kg)	11 000 m
Bewaffnung	2 x MK 108 – 30 mm 2 x 100 Schuss	4 x MK 108 – 30 mm 2 x 80 u. 2 x 100 Schuss
Außenlasten (max. 1000 kg)	24 R 4M-Raketen 2 x 250 kg 1 x 500 kg 2 x 300-l-Zusatztank	– – – 2 x 300-l-Zusatztank

Me 262 A-2a, 9K+BK der 2./KG 51, Rheine im Oktober 1944. Lackierung: möglicherweise RLM 82/76 mit Muster in 81 oder 83

Me 262 A-1a, W.Nr. 500 042, B3+AA, KG(J) 54, Giebelstadt im Februar 1945. Geflogen wurde die Maschine von Geschwader-Kommodore Oberstleutnant Volprecht Riedesel Freiherr von Eisenbach, der am 9. Februar bei Idstein im Luftkampf gefallen ist. Lackierung: möglicherweise RLM 81/83/76

Me 262 A-2a, I. Gruppe/Kampfgeschwader 51 »Edelweiß«, geflogen von Leutnant Wilhelm Batel, Saaz im Mai 1945. Lackierung: RLM 82/83/76 oder 81/83/76

Arado Ar 234 V1, die am 30. Juli 1943 mit Flugkapitän Selle am Steuer zum Erstflug startete

Der erste Strahlbomber der Welt – Teil 1

Arado Ar 234 Blitz

Zu Unrecht steht Arados Ar 234 im Schatten der legendären Messerschmitt Me 262, der sie in mancherlei Hinsicht sogar überlegen war, und das, obwohl die Ar 234 als Bomber und Aufklärer konzipiert wurde

Unter der Leitung von Walter Blume und Hans Rebeski gelang den Arado-Konstrukteuren mit dem ersten Strahlbomber der Welt, der Ar 234, ein fortschrittliches und revolutionäres Düsenflugzeug, das seiner Zeit weit voraus war und den Weg in die Zukunft wies.

Erste Planungen für den neuen Typ liefen bereits im Herbst 1940 an, als die Luftwaffenführung einen Hochgeschwindigkeits-Fernaufklärer forderte, mit dem ungehindert über Großbritannien operiert werden könnte.

Mit dem Projekt E 370, einem aerodynamisch hervorragend geformten einsit-

Der Startwagen, auf den das Flugzeug zum Start gesetzt und kurz nach dem Abheben ausgeklinkt wurde. Im hinteren Gehäuse ist der gepackte Bremsschirm zu erkennen

Start nur mit Strahlantrieb, der Bremsschirm des Startwagens beginnt sich soeben zu entfalten

Start der Ar 234 V3 mit zusätzlichem Schub durch Raketen-Triebwerke, so genannte R-Geräte, die den Startweg auf etwa die Hälfte reduzierten

Ar 234 V4 bei der Gras-Landung auf Kufen

zigen Ganzmetall-Schulterdecker mit zwei untergehängten Antriebsgondeln, stellte man im Frühjahr 1942 eine hölzerne Attrappe der Ar 234 vor, worauf der Bau von sechs Musterflugzeugen in Auftrag gegeben wurde. Als Antrieb waren zwei Junkers- oder BMW-Strahltriebwerke vorgesehen, die den dortigen Entwicklern jedoch noch Schwierigkeiten bereiteten. Zudem hatte die Einsatzreife der ebenfalls mit Junkers Jumo 004 ausgerüsteten Me 262 Vorrang, wodurch sich das Ar 234-Projekt beträchtlich verzögerte.

Als die Turbinen-Triebwerke, Jumo 004 A, endlich geliefert wurden, brachte man die Ar 234 V1 Mitte Juli 1943 zur Erprobung nach Rheine. Vorrangig um Gewicht zu sparen, erhielt das Flugzeug kein Fahrwerk, sondern Landekufen, jeweils unter den Triebwerken sowie mittig unter dem Rumpf. Zum Start sah man einen Startwagen vor, der dann aus 500 m Höhe abgeworfen und an Fallschirmen hängend zur Erde schweben sollte.

Gute Flugeigenschaften

Nach ausgedehnten Triebwerks- und Rollversuchen startete am 30. Juli 1943 Werkspilot Flugkapitän Selle um 20 Uhr 10 zum 14-minütigen Erstflug. Fliegerisch hinterlies die Arado-Neuschöpfung einen überaus positiven Eindruck und zeigte keine konstruktiven Mängel. Probleme bereitete jedoch der Startwagen, dessen Fallschirme sich ineinander verwirbelten und der 600 kg schwere Wagen schließlich nahezu ungebremst abstürzte. Nachdem ein zweiter Versuch in etwas geänderter Art ebenfalls scheiterte, ging man mit Erfolg dazu über, den

Ar 234 V9, PH+SQ, W.Nr. 130 009, das Musterflugzeug für die B-Serie flog erstmals am 12. März 1944 mit Einziehfahrwerk. Unter dem Rumpf und den Triebwerksgondeln waren ETC-Träger für eine Bombenlast von bis zu 2000 kg montiert

Die wartungsintensiven Jumo 004-Triebwerke hatten eine durchschnittliche Lebensdauer von nur 25 Stunden

Eine Ar 234 B-2 des KG 76 wird startklar gemacht. An der linken Triebwerksgondel ist ein Bombenträger erkennbar. Die Träger konnten auch zur Aufnahme von zwei 300-l-Zusatztanks verwendet werden

Wagen kurz nach dem Abheben auszuklinken und durch einen Bremsschirm zum Stehen zu bringen.

Empfindliche Strahltriebwerke

Problematisch zeigten sich auch die hoch empfindlichen Triebwerke, die die ganze Aufmerksamkeit des Piloten verlangten. So durfte der Schubregler nur mit größter Vorsicht langsam bewegt werden, da die Aggregate sonst ausgingen und ein Wiederanlassen nur bedingt möglich war. Werkspilot Selle kam am 29. August bei seinem dritten Flug während des Landeanfluges in diese Verlegenheit, worauf er die V1 notlanden musste. Selle, der dabei unverletzt blieb, beklagte am 2. Oktober 1943 einen weiteren Triebwerksschaden sowie den Ausfall wichtiger Instrumente. Eine Turbine war, wahrscheinlich von Selle unbemerkt, in Brand geraten und zerstörte die Gestänge einer Landeklappe, worauf Selle, der die einmotorig fliegende Maschine zu landen versuchte, tödlich abstürzte.

Die nachfolgenden Flugzeuge erhielten daraufhin einige Änderungen. Ab der V3 waren sogar ein Schleudersitz, eine Druckkabine und eine automatische Feuerlöschanlage eingebaut.

Zur besseren Steigleistung konnte zusätzlicher Schub durch zwei Walter Raketen-Triebwerke erreicht werden, die

Eine Arado Ar 234 B-2 wirft im leichten Sinkflug zwei 500-kg-Bomben. Diese Art des Bombenwurfs wurde erfolgreich praktiziert und von vielen Piloten dem Abwurf aus großer Höhe vorgezogen

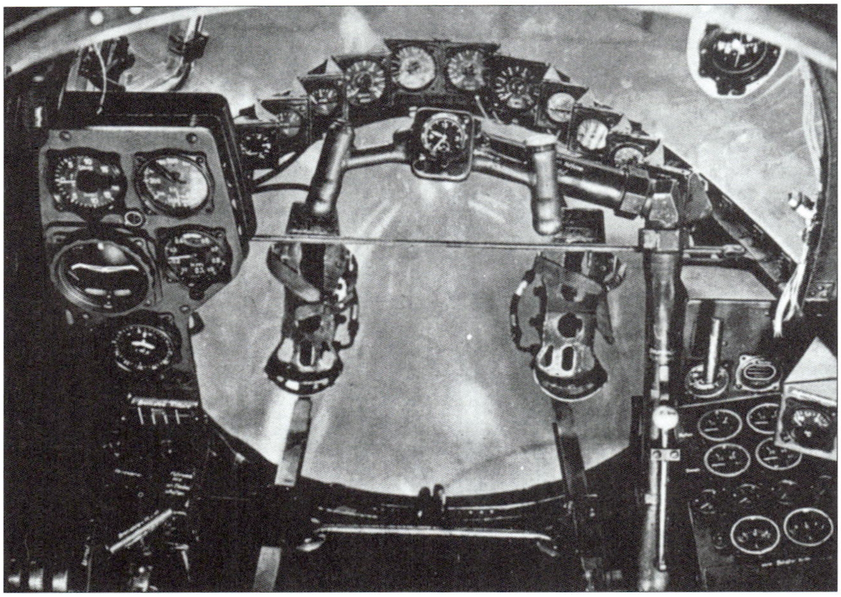

Die reichhaltig ausgestattete Kanzel der Ar 234 bot dem Flugzeugführer, mit Ausnahme der Blickmöglichkeit nach hinten, ausgezeichnete Sichtverhältnisse

unter den Flächen hängend nach dem Ausbrennen abgeworfen wurden, am Fallschirm niedergingen und wiederverwendbar waren.

Das Flugzeug stieß bei der Luftwaffenführung und auch beim Führer, dem die Ar 234 Ende November vorgeführt worden war, auf großes Interesse. Die Maschine sollte schnellstens als Aufklärer und Schnellbomber zum Einsatz gelangen. So wurde die Entwicklung der Arado 234 rasch vorangetrieben. Da das bei den Aufklärer-Flugzeugen verwendete und durchaus bewährte Start- und Landesystem mittels Startwagen und Kufen für den praktischen Einsatz als Bomber nicht in Frage kam, wurde ein Fahrwerk mit Bugrad entwickelt und mit der V9 im März 1944 umgesetzt, die damit zum Musterflugzeug für die B-Serie wurde, die ab Mitte 1944 als Aufklärer- (B-1) und Bomber- wie Aufklärerversion (B-2) gebaut wurde. Um das Fahrwerk unterzubringen, mussten die Rumpftanks verlegt und der Rumpf etwas verbreitert werden. Die B-2 wurde mit allem, was für den Bombenwurf benötigt wurde, ausgestattet, so auch mit einem Dreiachs-Autopilot, der mit dem Bombenzielgerät Lotfe K7 gekoppelt war und das Flugzeug zum Abwurfziel führte.

Bomberversion B-2

Die Bombenlast von maximal 2000 kg konnte an ETC-Trägern unter dem Rumpf (max. 1000 kg) und den Triebwerksgondeln (max. je 500 kg) mitgeführt werden. Als Normallast galten 1000 kg.

Des weiteren erhielten die B-2-Ausführungen ein Periskop, das den Bombenabwurf im leichten Sinkflug erleichterte und den Blick nach hinten

UNTEN **Auch für Starts mit eigenem Fahrwerk kamen Startraketen zum Einsatz**

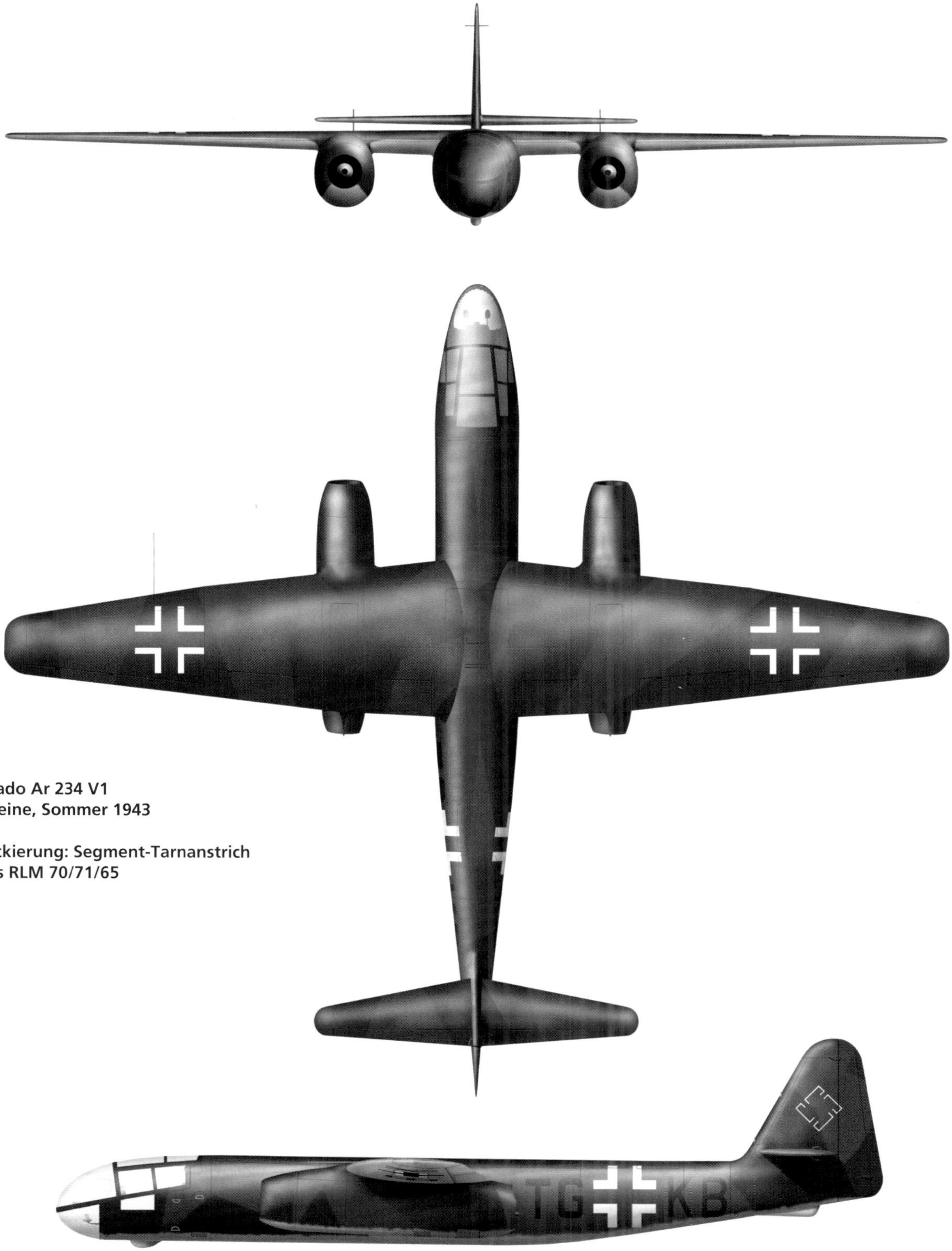

Arado Ar 234 V1
Rheine, Sommer 1943

Lackierung: Segment-Tarnanstrich
aus RLM 70/71/65

© Herbert Ringlstetter – Aviaticus.com

Technische Daten – Arado Ar 234

Arado	Ar 234 B-2
Einsatzzweck	Bomber
Besatzung	1
Antrieb	2 x Jumo 004 B-1 Strahltriebwerk
Leistung	2 x 900 kp Standschub als Starthilfe möglich 2 x Walter HWK R 1 mit je 500 kp
Länge	12,64 m
Spannweite	14,41 m
Höhe	4,30 m
Flügelfläche	26,40 m²
Leergewicht	4650 kg
Startgewicht max.	9450 kg 10 000 kg mit Starthilfe
Höchstgeschwindigk.	665 km/h in Meereshöhe 685 km/h in 6000 m mit 500 kg Bombenlast 870 km/h in 6000 m ohne Bombenlast
Marschgeschwindigk.	535 km/h in Meereshöhe
Landegeschwindigk.	145 km/h
Steigleistung auf 6000 m	12,8 min mit 500 kg Bombenlast 17,5 min mit 1500 kg Bombenlast
Dienstgipfelhöhe	6800 m 10 000 m ohne Bombenlast
Startstrecke ca.	1800/1500 m auf Gras/Betonbahn 940/840 m mit Starthilfe
Landestrecke ca.	1000 m
Reichweite max. ca.	1600 km
Schusswaffen	zwei MG 151/20 – 20 mm starr nach hinten
Abwurflast max.	2000 kg Bomben extern üblich 1000 kg

Sofern nicht anders angegeben, Leistungen mit 1000 kg Last

ermöglichte, dem schwächsten Punkt der Arado 234, da die Auslegung der Kabine praktisch keine Sicht nach hinten zuließ.

Eine weitere bei der Ar 234 eingeführte Neuheit war die Ausstattung mit einem Bremsschirm, um die lange Landestrecke zu verkürzen.

Behelfsnachtjäger Nachtigall

Auf Basis der Ar 234 B plante man ab Mitte 1944 30 Maschinen zu Nachtjägern umzubauen. Die als Ar 234 B-2/N bezeichnete Ausführung erhielt den Tarnnamen Nachtigall. Zur Ausrüstung des Nachtjägers gehörte ein Waffenbehälter mit zwei MG 151/20 unter dem Rumpf sowie eine Funkmessanlage FuG 218 Neptun. Der Messfunker fand im hinteren Teil des Rumpfes Platz, wo sonst die Kameraausrüstung (Aufklärer) untergebracht war. Nur drei Flugzeuge wurden jedoch derart ausgestattet. Die Einsatzerprobung der Behelfsnachtjäger verlief insgesamt unbefriedigend. Im Rahmen der C-Reihe sollte schließlich ein reiner Nachtjäger konzipiert werden.

Im Einsatz

Erste Einsatzerfahrungen konnten im August 1944 gesammelt werden, als mit dem Versuchsmuster V7 Aufklärungsflüge über der Normandie geflogen wurden, die äußerst erfolgreich verliefen. Die Aufklärer der A-Serie (mit Kufen) wie auch der B-Serie waren in der Regel mit zwei Kameras ausgestattet und wurden in den Sonderkommandos Götz, Hecht und Sperling geflogen. Später wurden die Sonderkommandos in einer Einheit, der 1. Staffel der Fernaufklärungsgruppe 100, zusammengefasst. Hinzu kamen die 1.(F)/Aufkl.Gr 123 und 33, ausgestattet mit Ar 234 B-1.

Mit der B-2 kam ab Oktober 1944 die Ar 234 auch als Bomber an die Front. Als erste und einzige Kampfeinheit bekam das Kampfgeschwader 76 den modernen Schnellbomber zugewiesen, der sich

BILDER LINKS UND OBEN **Beutemaschinen wie diese Arado 234 der Baureihe B wurden in Großbritannien und den USA ausgiebig nachgeflogen. Die alliierten Testpiloten waren durchwegs beeindruckt. Die Ar 234 kann zu Recht als Meisterleistung der damaligen deutschen Luftfahrtindustrie bezeichnet werden. Die Maschine besticht durch ihre klare Linienführung und Auslegung. Über der Kabine ist jeweils deutlich das Periskop zu erkennen**

glänzend bewährte. Wegen der überlegenen Geschwindigkeit als Aufklärer praktisch kaum abfangbar, stellte auch die langsamere Bomberversion der Ar 234 für die alliierten Jäger einen äußerst schwierigen Gegner dar – die Arados verschwanden noch schneller, als sie gekommen waren. Das einzig tatsächlich wirksame Mittel, die Strahlflugzeuge an ihren Einsätzen zu hindern, bestand darin, die Maschinen am Boden zu vernichten oder sie an ihren Einsatzplätzen während des Start- und Landemanövers in wehrlosem Flugzustand vom Himmel zu holen, wie dies häufig auch bei den Me 262-Verbänden geschah.

Obwohl größer und schwerer, stellte sich bei Vergleichsflügen mit der als Jäger und Jagdbomber eingesetzten Me 262 die Ar 234 B als das insgesamt bessere Flugzeug heraus. Hinsichtlich der Wendigkeit zeigte sie sich der etwas schnelleren Messerschmitt sogar weit überlegen.

Um die Möglichkeiten der hervorragenden Grundkonstruktion weiter auszuschöpfen, ging man bei der V6 und V8 durch den Anbau von zwei weiteren Triebwerken daran die Leistung nochmals zu steigern, was zur Arado Ar 234 C führte.

Ar 234 B-0 in Manching, im Hintergrund eine Ju 88 G. Nach Kriegsende blieben die meisten der rund 220 gebauten Ar 234 als Wracks zurück

Ar 234 S13, W.Nr. 140 113, Stab/KG 76, F1+AA, Ende 1944, geflogen von Geschwaderkommodore Oberstleutnant Robert Kowalewski. Das Flugzeug fiel bei Kriegsende den Alliierten in die Hände. Lackierung: RLM 70/71/65 (wie hier) oder RLM 81/82/76 oder Variationen

Ar 234 B-2, W.Nr. 140 342, 8./KG 76, F1+AS, geflogen von Oberfeldwebel Friedrich Bruchlos. Lackierung: RLM 81/82/76

Ar 234 B, 140 151, T9+KH, Sonderkommando Sperling, geflogen von Oberleutnant Werner Muffey, Rheine, November 1944. Lackierung: RLM 81/82/76 oder Variationen

Ar 234 B, W.Nr. 140 173, 9./KG 76, F1+MT, Hauptmann Regler. Nach Abschuss durch P-47-Jäger und anschließender Bauchlandung am 24. Februar 1945, wurde der Strahlbomber als erste Ar 234 von Alliierten erbeutet und zur Untersuchung nach Farnborough/GB gebracht. Lackierung: Der Standardanstrich wurde (wahrscheinlich) mit abwaschbarem Weiß aufgehellt – vielleicht auch mit RML 76

Die Ar 234 V8 (GK+IY) war mit vier Strahltriebwerken BMW 300 A-0 ausgerüstet. Mit ihr gelang am 4. Februar 1944 der erste vierstrahlige Flug der Welt. Zum Start diente noch der zwar umständliche aber an sich bewährte Startwagen. Gelandet wurde auf Kufen

Der erste vierstrahlige Flug der Welt – Teil 2

Arado Ar 234 Blitz

Um die Leistung der Ar 234 weiter zu steigern aber auch die Unzuverlässigkeit der neuartigen Strahltriebwerke zu kompensieren, lief bei Arado schon frühzeitig die Erprobung mit vier Strahlturbinen an

Gerade bei einem Aufklärungs- und Bombenflugzeug lag es nahe, zur Erhöhung von Leistungsfähigkeit und Zuverlässigkeit die Anzahl der Triebwerke zu verdoppeln. Hierfür schien das relativ leichte BMW 109-003-A-0 das am Besten geeignete zu sein.

Umgesetzt wurde dies erstmals mit den Versuchsmustern V6 und V8, wobei die Ar 234 V6 mit vier einzeln aufgehängten BMW-Vorserien-Triebwerken ausgerüstet wurde, während das achte Versuchsflugzeug gebündelt unter den Flächen angeordnete BMW-Strahltriebwerke erhielt.

Erster vierstrahliger Flug

Die Ar 234 V8 war es dann auch, die als erstes vierstrahliges Flugzeug der Welt am 4. Februar 1944 mit Ubbo Janssen am Steuer vom Boden abhob. Einmal mehr

Beim Anlassen der BMW-Aggregate der V6, W.Nr. 130 006

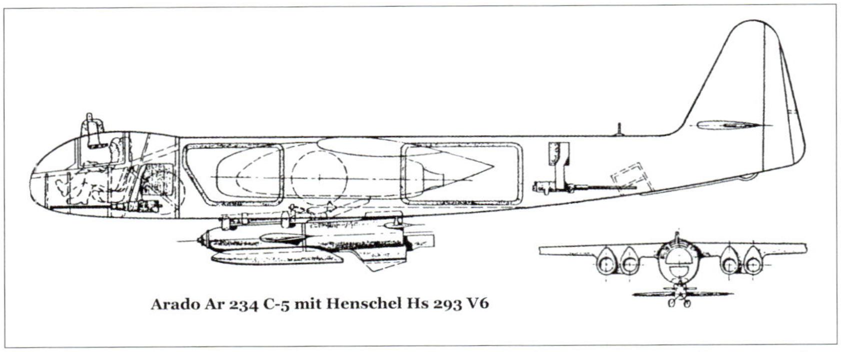

Bomberprojekt Ar 234 C-5 mit ferngelenkter Gleitbombe Hs 293 unter dem Rumpf

ließ die Konstruktion erkennen, welch enormes Potential in ihr steckt. Die Höchstgeschwindigkeit stieg nun auf annähernd 900 km/h. Im Bahnneigungsflug konnte noch um einiges mehr an Fahrt aufgenommen werden. Jedoch traten Probleme bei der Annäherung an die Schallgeschwindigkeit auf. Für die Entwicklungs-Mannschaft von Arado bedeutete dies eine erneute große Herausforderung.

Ab etwa 840 km/h ergaben sich Schwierigkeiten wegen der zu dichten Anordnung der Triebwerksgondeln zum Rumpf hin. Dies führte zu ungünstigen Strömungsverhältnissen am Innenflügel und ernsthaften Unruhen im Leitwerksbereich. Eine Verlegung der Triebwerksgondeln um 16 Zentimeter nach außen konnte den Effekt zwar nicht beseitigen, erhöhte jedoch die Geschwindigkeit bis zu dessen Erscheinung auf etwa 960 km/h, die im Bahnneigungsflug erflogen wurden. Künftige Konstruktionen sollten daher eine höhere Höhenleitwerks-Anordnung und in den Rumpf integrierte Triebwerke aufweisen.

Die mit vier einzeln angeordneten Turbinen ausgerüstete V6 flog dagegen erst am 24. April 1944, deren Triebwerksanordnung bewährte sich jedoch nicht und wurde letztlich fallen gelassen.

Um zu starten, benötigten sowohl die V8 wie auch die V6 noch den Startwagen, der schon bei der A-Serie Verwendung fand. Der Wagen wurde kurz nach dem Start ausgeklinkt, die Landung erfolgte dann auf Kufen, die unter dem Rumpf und den Triebwerken montiert waren.

Als dritte Ar 234 wurde die V13, Werknummer 130 023, mit vier Düsentriebwerken ausgerüstet. Die mit der Kennung PH+SU versehene Maschine wies ein konventionelles Fahrwerk mit Bugrad und eine paarweise Aufhängung der vier BMW-Turbinen auf.

Schon beim ersten Flug am 6. September 1944 musste Ubbo Janssen die V13 wegen Triebwerksschäden notlanden, wobei das Flugzeug so schwer beschädigt wurde, dass es abgeschrieben werden musste.

Konstruktiver Aufbau

Der aerodynamisch sauber geformte Entwurf war als Schulterdecker ausgebildet und gänzlich aus Metall gefertigt. Der Rumpf bestand aus drei Baugruppen, dem Hinter-, Mittel- und Vorderrumpf, der den als Druckkabine mit

OBEN/UNTEN? **Die ebenfalls noch mit Kufen versehene Ar 234 V6 (GK+IW) mit vier gesondert angeordneten BMW 003 A-0-Turbinen. Die Anordnung bewährte sich jedoch nicht**

Der enge Triebwerkseinbau mit BMW 003 am rechten Flügel der Ar 234 V19

Blick in die Ansaugöffnungen der zu einer Einheit zusammengeschlossenen BMW 003 A-1-Strahltriebwerke der Ar 234 V13

Doppelverglasung ausgeführten Führerraum aufnahm. Senknieten verbesserten die Außenhaut und optimierten die Erfordernisse für Hochgeschwindigkeitsflüge.

Die Tragfläche war durchgehend um zwei Holme herum aufgebaut und wies eine minimale V-Stellung von nur einem Grad auf.

Das konventionelle Höhen- und Seitenleitwerk verfügte über gewichtsausgeglichene Ruderflächen, die jeweils mit einem Trimmruder ausgestattet waren. Der Anstellwinkel der Höhenflosse konnte zudem während des Fluges verstellt werden.

Bedingt durch die Aufhängung im Rumpf, stand das hydraulisch betätigte Hauptfahrwerk mit einer Spurweite von gerade einmal 2,05 Metern relativ eng. Das Bugrad fand in eingefahrenem Zustand direkt hinter der Kabine Platz, die hinteren Räder verschwanden nach vorne schwenkend komplett verkleidet ebenfalls im Rumpf.

Mit der am 30. September fertiggestellten und mit vier BMW 003 A-1-Turbinen ausgestatteten V19 wurde die erste eigentliche Serie der vierstrahligen Ar 234 begonnen, die Baureihe C. Die V19 und V20 dienten als Musterflugzeuge für die Aufklärer-Variante, die C-1. Die C-2 war als Bomber vorgesehen. Sie wurden allerdings zu Gunsten der C-3 und C-4 aufgegeben.

OBEN/UNTEN?**Ar 234 V13, W.Nr. 130 023, PH+SU, mit Einziehfahrwerk und Periskop. Schon beim Erstflug am 6. September 1944 fielen drei Triebwerke aus. Bei der anschließenden Notlandung wurde das Flugzeug schwer beschädigt**

Ar 234 V21 mit stark überarbeiteter Kabine war das Musterflugzeug für die C-3-Serie. Am hinteren Teil des Rumpfes, schräg unterhalb des Balkenkreuzes ist die Ausschussöffnung für eines der beiden Abwehr-MG 151/20 zu erkennen. Die Maschine trägt noch kein Kennzeichen (PK+EK), der Erstflug fand am 27. 11. 1944 statt

Mit der V21, W.Nr. 130 061, wurde eine neu gestaltete etwas vergrößerte Druckkabine eingeführt. Die Ar 234 V21 flog erstmals am 27. November 1944, sie galt als Vorserien-Maschine zur Ar 234 C-3.

Als Starrbewaffnung waren zwei MG 151/20, die nach vorne, sowie zwei weitere, die nach hinten feuerten, vorgesehen. Wie bei der B-Reihe, kamen ein Vor- und Rückblickperiskop sowie ein Lotfe K7-Zielgerät für den Bombenwurf zum Einbau.

Als Ar 234 C-4 bezeichnete man die neue mit zwei Reihenbild-Kameras ausgerüstete Aufklärer-Version, deren Musterflugzeug die V25, RK+EO, war.

Zwar wurden noch einige Ar 234 C-3-Kampfflugzeuge gebaut, zum Einsatz kam jedoch keiner dieser »Wunderbomber« mehr.

Entlastung durch zweiten Mann

Um den Piloten zu entlasten, wurde bei den weiteren Entwicklungen, der C-5 (Bomber) und C-6 (Aufklärer), ein zweiter Mann als Navigator/Bombenschütze vorgesehen.

Die Versionen Ar 234 D-1 bis D-3, ausgerüstet mit zwei sehr leistungsstarken Heinkel HeS 011 A-Turbinen blieben im Planungsstadium stecken.

Wie auch die als Nachtjäger geplante P-Serie der Ar 234. Wobei schon im Vorfeld Versuche mit umgebauten als Ar 234 B-2/N bezeichneten Behelfsnachtjägern liefen. Auch aus der C-Reihe sollten Nachtjäger entstehen, entsprechende Varianten der C-3, C-5 und C-7 befanden sich als Nachtjäger-Projekte (N) in der Untersuchung.

Bei der zur Serienfertigung vorgesehenen Ar 234 P-5 sollte im hinteren Teil des Rumpfes der Funker/Navigator untergebracht werden. Neben zwei nach vorne schießenden 20-mm-MG 151/20, waren zwei 30-mm-MK 108 als schräg nach oben feuernde Bewaffnung (so genannte »Schräge Musik«) geplant. Des Weiteren sollte die Ar 234 P-5 mit modernster Funkmesstechnik (Radar) ausgestattet werden. Zur Reichweitenvergrößerung sah man einen 600 Liter fassenden Zusatztank unter dem Rumpf vor.

Zukunftsweisend waren auch die Projekte, nach dennen die Ar 234 C im Huckepack-Verfahren eine Fi 103 (Vergeltungswaffe 1 – V1) oder unter dem Rumpf hängend einen Kleinstjäger Ar E 381/I oder II befördern sollte.

Geplant war der Bau von annähernd 4000 Ar 234 C bis zum Frühjahr 1946, die meisten davon als Bomber. Tatsächlich

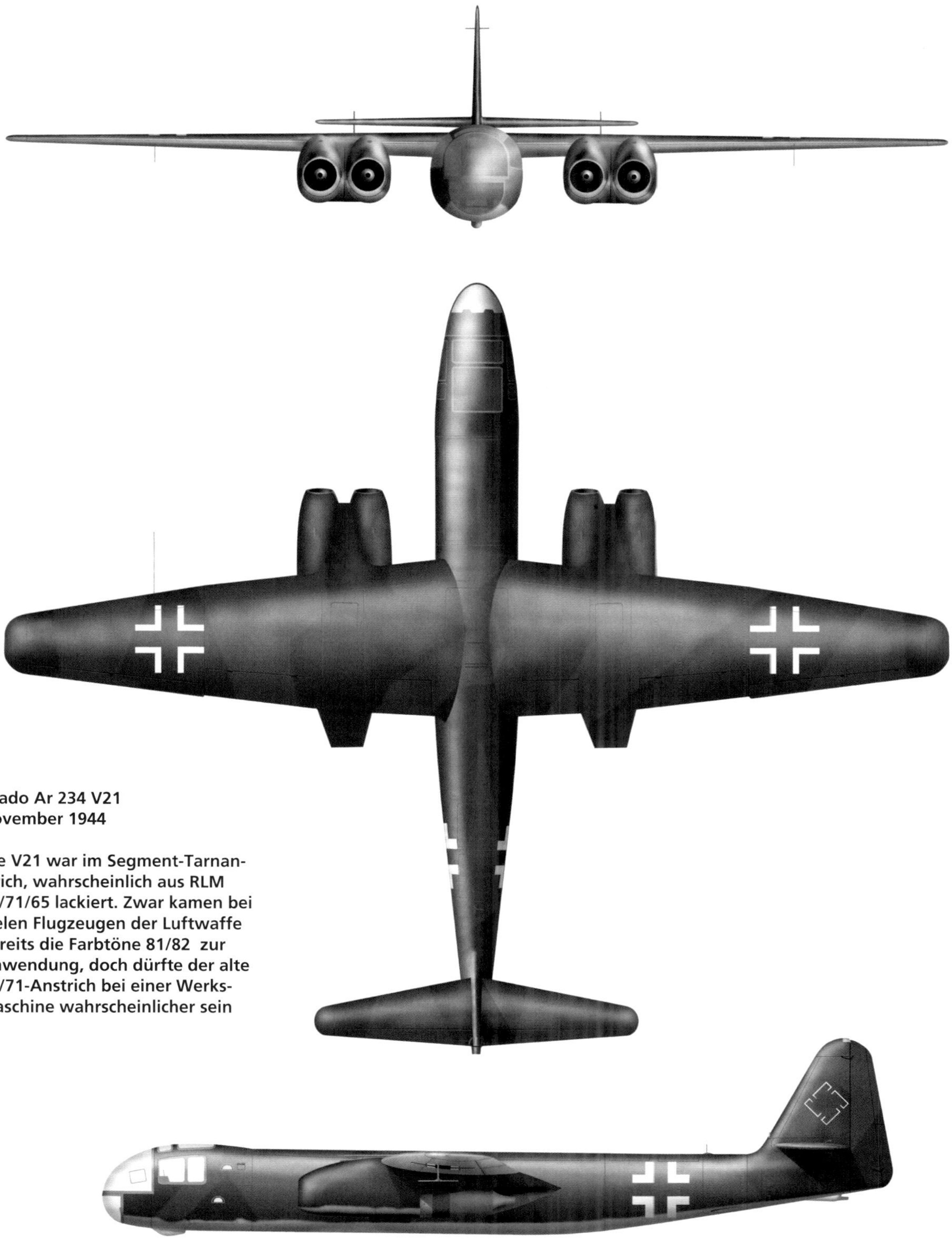

Arado Ar 234 V21
November 1944

Die V21 war im Segment-Tarnanstrich, wahrscheinlich aus RLM 70/71/65 lackiert. Zwar kamen bei vielen Flugzeugen der Luftwaffe bereits die Farbtöne 81/82 zur Anwendung, doch dürfte der alte 70/71-Anstrich bei einer Werksmaschine wahrscheinlicher sein

© Herbert Ringlstetter – Aviaticus.com

Wie hier an einer Ar 234 B, war auch bei der Bomberausführung der C-Serie die Aufhängung von Bomben und Zusatztanks an Außenträgern vorgesehen

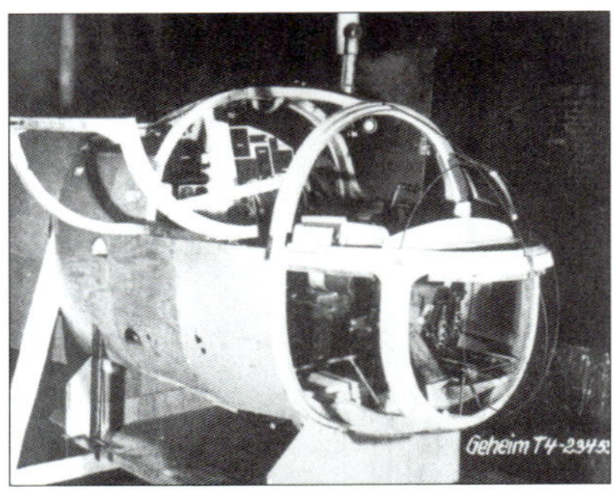

Attrappe der Druckkabine des geplanten zweisitzigen Schnellbombers Ar 234 C-5

aber entstanden aufgrund der Kriegslage nur noch wenige vierstrahlige Ar 234.

Das schnellste Strahlflugzeug

Abgesehen von der Me 163 mit Raketenantrieb, war die vierstrahlige Arado Ar 234 C das damals schnellste Serienflugzeug der Welt und eines der fortschrittlichsten jener Zeit. Eine neue Ära in der Luftfahrtgeschichte hatte begonnen.

Trotz weitaus größerer Mittel, besonders auf US-amerikanischer Seite, hatten die Alliierten nichts Vergleichbares entgegenzusetzen. Strahlgetriebene Beuteflugzeuge und ganz besonders die deutschen Konstrukteure waren daher von größtem Wert. So blieb der Einfluss der deutschen »Wunderwaffen« und ihrer Macher auf die künftigen alliierten Flugzeuge unübersehbar. ◀

Technische Daten – Arado Ar 234

Arado	Ar 234 C-3
Einsatzzweck	Bomber
Besatzung	1
Antrieb	4 x BMW 003A-1 Strahltriebwerk
Leistung	4 x 800 kp (920 kp Kurzzeit) Standschub als Starthilfe wahlweise 2 x Walter HWK R 1 mit je 500 kp
Länge	12,64 m
Spannweite	14,41 m
Höhe	4,30 m
Flügelfläche	26,40 m²
Rüstgewicht	6500 kg
Startgewicht max.	11 000 kg 11 500 kg mit Starthilfe
Höchstgeschwindigkeit	800 km/h in Meereshöhe 870 km/h in 6000 m ohne Bombenlast
Marschgeschwindigkeit	650 km/h in Meereshöhe
Landegeschwindigkeit	165 km/h
Steigleistung	1000 m in 1,8 min 6000 m in 6,8 min 10 000 m in 17 min ohne Bombenlast
Dienstgipfelhöhe	11 000 m
Startstrecke	980 m 720 m mit Starthilfe
Landestrecke	1000 m
Max. Reichweite ca.	1250 km
Schusswaffen	je zwei 20 mm MG 151/20 starr nach vorne und hinten
Abwurflast	bis zu 3000 kg Bomben extern

Leistungen mit üblicher Bombenlast von 1000 kg

UNTEN **Mit Funkmesstechnik ausgerüstetes Nachtjägerprojekt Arado Ar 234 P-5, Anfang 1945. Der Funker/Navigator war im hinteren Teil des Rumpfes untergebracht**

Die Ar 234 B-2, W.Nr. 140312, war eine von vier „234“, die in die USA gebracht wurden (siehe auch Seite 147). Die Maschine blieb als einzige Ar 234 erhalten
Foto: USAF

Die restaurierte Ar 234 B-2, W.Nr. 140312, im Udvar-Hazy Center des National Air and Space Museum bei Washington, lackiert in Variationen der RLM-Farben 81/82/76 mit schwarzem Kabinenrahmen. Im Hintergrund, eine Dornier Do 335
Foto: Kogo

Hs 123 A-1 des StG 165. Jedes Flugzeug in einer Staffel hatte einen individuellen Buchstaben

Hs 123 A-1, W.Nr. 968, im Einsatz bei der Luftwaffe im damals üblichen Tarnanstrich. Sie diente bis zur Einführung der Junkers Ju 87 als Sturzkampfflugzeug

■ Sturzkampfbomber der ersten Stunde

Henschel Hs 123

Mit der robusten Hs 123 erhielt die Luftwaffe ihr erstes speziell als Sturzkampfbomber entwickeltes Flugzeug. Zum Einsatz kam der bullige Doppeldecker jedoch überwiegend als Schul- und Schlachtflugzeug

Das erste Versuchsmuster Hs 123 V1, D-ILUA (W.Nr. 265), während der Erprobung in Rechlin. Um den Durchmesser der Motorverkleidung möglichst gering zu halten, wurden Beulen aufgenietet, die sich um die Kipphebelschutzkappen schmiegten

Inspiriert durch imposante Demonstrationsflüge in den USA befasste man sich auch in Deutschland mit den Möglichkeiten des Sturzangriffs. In der Führung der noch geheimen deutschen Luftwaffe gab es Gegner, aber auch vehemente Befürworter dieses spektakulären Angriffsverfahrens. Zu ihnen gehörte auch der frühere Jagdflieger und durch seine waaghalsigen Schauflüge bekannt gewordene Ernst Udet. Mit seinen beiden in den USA erstandenen und für den Sturzflug prädestinierten Curtiss Hawk-Doppeldeckern führte der spätere Generalluftzeugmeister eindrucksvolle Sturzflüge vor. Udets Auftreten und Befürworten der Sturzflug-Idee mag propagandistisch wertvoll gewesen sein. Inwieweit dies die Beschaffung eines sturzkampftauglichen Flugzeugs für die

OBEN An der glatten Motorhaube leicht zu erkennen: Hs 123 V2 mit Wright Cyclone-Sternmotor. Nach einem Landeunfall wurde die Maschine mit einem BMW 132 als V8 wieder aufgebaut

LINKS Einbau der beiden MG 17 in der Hs 123-Attrappe direkt vor dem Führerraum mit langen Ausschussrohren

Luftwaffe tatsächlich beeinflusste, ist umstritten. Sein Gewicht dürfte aber sicherlich geringer gewesen sein als vielfach angenommen.

Der erste Sturzkampfbomber

Obwohl umstritten und zum Teil sogar vollends abgelehnt, gab das Technische Amt im Reichsluftfahrtministerium (RLM) 1934 eine Ausschreibung für einen zweisitzigen schweren Stuka (die spätere Junkers Ju 87) sowie einen leichten einsitzigen Sturzkampfbomber heraus. Neben der Firma Henschel Flugzeug-Werke AG, einem Neuling in Sachen Flugzeugbau, erhielten die Hamburger Flugzeugbau GmbH sowie 1935 die Fieseler Werke Aufträge zur Entwicklung eines einsitzigen Sturzkampfflugzeugs. Gegen die Mitstreiter Fi 98, ebenfalls ein Doppeldecker, und den Tiefdecker Ha 137 konnte sich letztlich Henschel mit seinem Doppeldeckerentwurf durchsetzen.

Robuste Konstruktion

Bei der Konstruktion des sehr kompakt wirkenden Entwurfs entschied man sich für die Auslegung als Doppeldecker, wegen der im Vergleich zur oberen wesentlich kleineren unteren Flügelfläche

Hs 123 A-1 einer unbekannten Einheit im Winter 1941/42. Lackierung: Abwaschbarer Winteranstrich über RLM 70/71

auch Anderthalbdecker genannt. Beim konstruktiven Aufbau folgte die Henschel-Mannschaft bewährten Methoden. Das Flugzeug war nahezu gänzlich aus Metall gefertigt. Der Rumpf aus Duraluminium mit kreisrundem bis ovalem Querschnitt entstand in Schalenbauweise mit glatter, versenkt aufgenieteter Außenhaut.

Die unverspannten Tragflächen waren oben zweiteilig, unten einteilig ausgeführt und gegeneinander durch zwei I-Stiele abgestrebt. An beiden Flügelenden kamen Querruder mit Gewichtsausgleich zum Einbau. An den Unterflächen wirkten Landeklappen. Die Flügeloberseiten waren teilweise, die Unterseiten bis auf die Flügelnasen ganz mit Stoff überzogen.

Die zum Rumpf hin abgestrebten Höhenflossen waren metallbeplankt, genauso wie die zum Ausgleich des Luftschraubendralls um zwei Grad nach links von der Längsachse abweichende Seitenflosse. Die aus einem Metallgerippe aufgebauten Ruder erhielten eine altbewährte Bespannung aus Stoff. Beide Ruder waren zur Verringerung der Steuerkräfte aerodynamisch sowie mit Gewichten ausgeglichen. Das Höhenruder verfügte zudem über eine verstellbare Trimmklappe.

OBEN Fliegerisch konnte die veraltete Henschelkonstruktion überzeugen – bei den Piloten war die robuste, unempfindliche 123 beliebt

RECHTS 50-kg-Bomben unter der rechten Tragfläche einer Hs 123 während der Erprobung

Das starre Hauptfahrwerk verkleidete man mit windschnittig gezogenen Elektronblechen, die Räder waren gefedert und mit Bremsen ausgestattet. Auch das Spornrad konnte nicht eingezogen werden, war jedoch drehbar gelagert und ebenfalls verkleidet. Als Antrieb wählten die Henschel-Entwickler einen luftgekühlten BMW 132 A-Sternmotor. Der zuverlässige 9-Zylinder brachte eine Startleistung von 660 PS und drehte eine am Boden verstellbare Zweiblatt-Luftschraube aus Metall mit einem Durchmesser von 3,10 Meter. Der Kraftstoff für den Motor war in einem 270 Liter fassenden Tank direkt hinter dem Brandschott untergebracht. Zur Erhöhung der Reichweite konnte ein abwerfbarer 130-Liter-Zusatztank unter dem Rumpf befestigt

Hs 123 A-1 mit 130-l-Zusatztank unter dem Rumpf. Wahlweise konnte auch eine 250-kg-Bombe eingehängt werden

Noch einmal glimpflich abgegangen: Landeunfall einer Hs 123 A-1

Die Werknummer 858, eine Hs 123 A-1 des StG 165

Zuverlässige Sternmotorkollegen: Hs 123 A und Nahaufklärer Heinkel He 46

Im Kampfeinsatz über Polen kamen Hs 123 in geringer Zahl als Schlachtflugzeuge zum Einsatz. Sie bewährten sich gut

werden. Der Schmierstoffbehälter für knapp 49 Liter war vor dem Brandschott eingebaut.

Erstflug im Frühjahr 1935

Am 2. April 1935 konnte mit der Hs 123 V1, D-ILUA zum Start gerollt werden und schon am 9. Mai 1935 hob auch das zweite Versuchsmuster mit der Werkummer 266 ab. Im Gegensatz zur V1 mit BMW 132 hatte man in die V2 einen amerikanischen 750 PS starken Wright Cyclone-Sternmotor installiert, der mit einer glatten NACA-Haube verkleidet war. Die Maschine ist daher auch leicht zu erkennen. Das RLM lehnte die Motorvariante jedoch aus nahe liegenden Gründen ab. Die Hs 123 V2 wurde während der Erprobung bei einem Landeunfall schwer beschädigt und später als V8 mit BMW-Antrieb wieder aufgebaut.

Die V3 (D-IKOU), wieder mit BMW 132 A, stieg am 8. Juli 1935 erstmals auf und ging in die Werkserprobung. Es folgte die V4, die als Musterflugzeug für die Serie galt.

Versuchsweise rüstete man die V7 mit geschlossener Kabinenabdeckung aus, in Serie ging diese Ausführung jedoch nicht. Als Nachrüstteil konnte an alle Hs 123-Ausführungen eine Kopfstütze montiert werden, der Führerraum blieb aber weiterhin offen. Zusätzliche Versuche betrafen die Bewaffnung sowie unterschiedliche Motorisierungsvarianten.

Zweiter Platz beim Züricher Flugmeeting

Speziell für das 4. Züricher Flugmeeting 1937 rüstete man im Auftrag des RLM die Versuchsmuster V5 und V6 mit neuen stärkeren BMW-Motoren samt Dreiblatt-Propeller aus. Das Abschneiden des Anderthalbdeckers konnte sich sehen lassen: Otmar Schürfeld, Pilot der Erprobungsstelle Rechlin, erreichte mit der von einem 910 PS starken BMW 132 J-Motor angetriebenen V5 den zweiten Rang in der Kategorie Steig- und Sturzflug. Besser schnitt lediglich sein Kollege Carl Francke mit dem Messerschmitt-Jagdflugzeug Bf 109 V13 ab.

Serie Hs 123 A-1

1936 lief die Serienproduktion der Hs 123 mit der Vorserie A-0 an. A-1- und B-1-Ausführungen folgten. Im Unterschied zur Hs 123 A erhielt die B-Ausführung mit Dural beplankte Flügeloberseiten sowie verbesserte Querruder. Wahlweise konnte anstatt des Zusatztanks bei allen Hs 123 auch eine 250-kg-Bombe unter dem Rumpf eingehängt werden. Unter den Flächen war zudem die Mitnahme von je zwei 50-kg-Bomben an Trägern möglich. Die Starrbewaffnung bestand aus zwei MG 17 auf der Oberseite des Rumpfes, die synchronisiert durch den Propellerkreis schossen.

Einen Schatten auf die ansonsten gut angenommene Hs 123 warfen mehrere Abstürze bei der Truppe. Als Ursache für die Unglücksfälle stellte sich eine Deformierung der Flügelnase beim Abfangen aus dem Sturzflug heraus, woraufhin sämtliche Maschinen ins Werk zurückbeordert und mit verstärkten Oberflügelnasen ausgerüstet wurden. Ob es schon während der Erprobung in Rechlin zu zwei Totalverlusten kam, ist nicht belegt.

Als Schlachtflugzeug im scharfen Einsatz

Während des Spanischen Bürgerkriegs bot sich im Rahmen der Legion Condor die Gelegenheit, das erste Sturzkampfflugzeug der Luftwaffe im scharfen Einsatz bei der Versuchsjagdstaffel 88

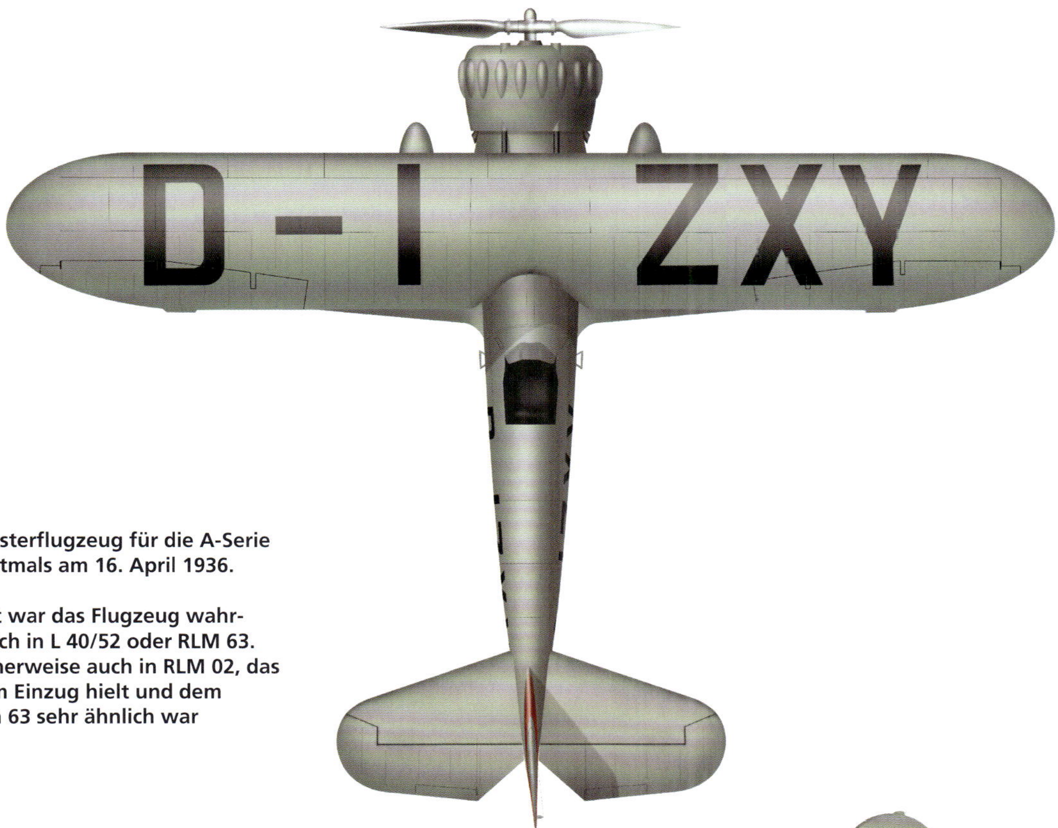

Das Musterflugzeug für die A-Serie flog erstmals am 16. April 1936.

Lackiert war das Flugzeug wahrscheinlich in L 40/52 oder RLM 63. Möglicherweise auch in RLM 02, das langsam Einzug hielt und dem Farbton 63 sehr ähnlich war

© Herbert Ringlstetter – Aviaticus.com

(VJ/88), später dann bei der Stuka-Staffel (Stuka/88) zu erproben. Sechs Hs 123 flogen Erdkampfunterstützung, wobei 1937 zwei Verluste zu beklagen waren.

Mit Einsatzreife des schweren Stukas Ju 87 führte man die Hs 123 dem Schulbetrieb zu. Zu Beginn des Polenfeldzugs wurden jedoch zunächst 40 Hs 123 an Schlachtflieger-Einheiten überstellt, die sich im Aufbau befanden, da die hierfür vorgesehene Hs 129 noch nicht einsatzbereit war.

Im rauen Fronteinsatz bewährten sich die veralteten Doppeldecker gut. Die Hs 123 war sehr zuverlässig und relativ unempfindlich gegen Beschuss, wenngleich sich der Flugzeugführer dem feindlichen Abwehrfeuer nahezu schutzlos ausgeliefert sah. Ein weiterer Vorteil des bulligen Henschel-Doppeldeckers bestand in seiner einfachen Wartung. So blieb die Hs 123 in geringer Zahl noch bis ins Jahr 1944 hinein bei Nachtschlachtgruppen im Einsatz, wo sie weiterhin gute Dienste leistete und ihre geringe Geschwindigkeit und der offene Führersitz sogar von Vorteil waren.

Die 123 im Ausland

Der von Henschel anvisierte und vom RLM genehmigte Verkauf von Hs 123 K (K für Auslandsversion) blieb bis auf 1939 von Spanien bestellte Maschinen aus. Jedoch verfrachtete man zwölf Hs 123 in geheimer Mission nach China zu den Nationalchinesischen Luftstreitkräften. Die Maschinen wurden dort von Henschel-Personal endmontiert und die Flugzeugführer auf das Kampfflugzeug eingewiesen. Insgesamt verließen 251 Hs 123 die Werkshallen von Henschel und AGO (140) in Oschersleben. ◀

Technische Daten – Henschel Hs 123

Henschel Hs 123	A-1
Einsatzzweck	Einsitziges Sturzkampf- und Schlachtflugzeug
Antrieb	BMW 132 A Hornet, luftgekühlter 9-Zylinder-Sternmotor
Startleistung	632 PS
Maximalleistung	660 PS bei 2050 U/min in 900 m
Durchmesser Luftschraube	3,05 m
Spannweite oben	10,50 m
Spannweite unten	8,00 m
Länge	8,33 m (Sporn am Boden)
Höhe	3,21 m waagerecht 3,76 m schräg stehend
Spurweite	2,34 m
Flügelfläche oben	16,24 m²
Flügelfläche unten	8,61 m²
Flügelfläche gesamt	24,85 m²
Flächenbelastung	84,40 kg/m²
Leergewicht	1420 kg
Abfluggewicht	2175 kg
Höchstgeschwindigkeit	330 km/h in Meereshöhe 290 km/h in 2000 m 280 km/h in 4000 m 265 km/h in 5000 m 240 km/h in 7000 m
Marschgeschwindigkeit	260 km/h in 2000 m
Sturzgeschwindigkeit	550 km/h bei 2350 kg
Landegeschwindigkeit	ca. 100 km/h
Steigleistung ca.	2000 m in 4 min 24 sec 4000 m in 12 min 6 sec 5000 m in 19 min 8 sec 6000 m in 40 min
Reichweite max.	500 km in Bodennähe mit 100 kg Außenlast 480 km in 4000 m mit 200 kg Außenlast 750 km in 4000 m mit 100 kg Außenlast
Dienstgipfelhöhe	6800 m
Bewaffnung	2 x MG 17 – 7,92 mm
Abwurflast	bis zu 450 kg an Außenträgern 4 x 50-kg-Bombe + 1 x 250-kg-Bombe

OBEN Hs 123 B-1 mit Kopfstütze während des Krieges im Schulbetrieb

LINKS Veraltet, aber robust und zuverlässig – an der Ostfront wurden Hs 123 vereinzelt noch bis ins Jahr 1944 als Schlachtflugzeug eingesetzt. Der leichteren Gängigkeit auf schlammigen Plätzen wegen wurden die Fahrwerksverkleidungen oft abmontiert, wie auch bei dieser A-1 der II./SG 2

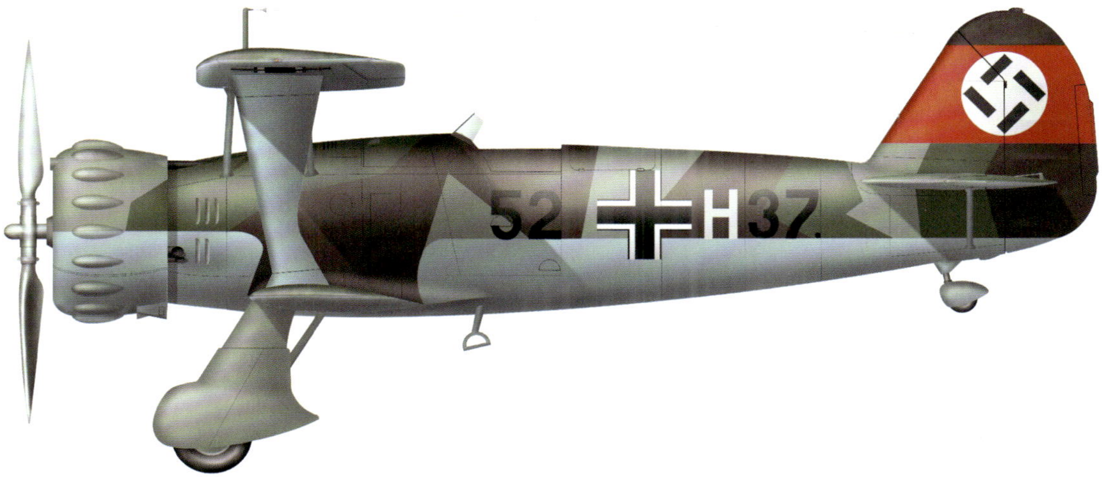

Henschel Hs 123 A-1 der 7./Sturzkampfgeschwader 165, lackiert im zu dieser Zeit üblichen Anstrich aus RLM 61/62/63/65

Hs 123 A-1 der 5./Lehrgeschwader 2, Frankreich im Mai/Juni 1940

Hs 123 A-1, II. Gruppe/Schlachtgeschwader 1 an der Ostfront 1943

Der »Fliegende Büchsenöffner«

Henschel Hs 129

Hs 129 B-2 mit der Werknummer 0373

Fotos Sammlung Ringlstetter

In relativ kleiner Stückzahl und einzig zum Zweck der Erdkampfunterstützung gebaut, gehört Henschels Schlachtflugzeug und Panzerjäger Hs 129 zu den außergewöhnlichsten Kampfmaschinen des Zweiten Weltkriegs

Das Technische Amt im Reichsluftfahrtministerium (RLM) gab 1937 die Ausschreibung für ein spezielles Erdkampfflugzeug heraus. Die Maschine sollte stark bewaffnet, schwer gepanzert, möglichst gering in den Abmessungen und mit zwei eher leistungsschwachen Motoren ausgerüstet sein. Auch der Wendigkeit des Musters kam große Bedeutung zu, während auf die Höchstgeschwindigkeit weniger Wert gelegt wurde, da ein Anvisieren des Ziels bei zu hoher Fahrt ohnehin kaum möglich schien.

In die engere Wahl kamen die Vorschläge von Henschel und Focke-Wulf, die mit dem Bau von Versuchsflugzeugen beauftragt wurden.

Während Friedrich Nicolaus von Henschel mit der späteren Hs 129 einen Neuentwurf vorlegte, setzte man bei Focke-Wulf auf eine abgeänderte Variante des Nahaufklärers Fw 189. Das RLM entschied sich letztlich für die günstiger herzustellende Henschel-Konstruktion.

Konstruktiver Aufbau

Der dreiteilige, unten wesentlich breitere Ganzmetallrumpf war im vorderen Teil aus sechs bis zwölf Millimeter starkem Stahlblech gefertigt. So entstand eine stark gepanzerte Kabine, die dem Flugzeugführer einen möglichst großen Schutz bieten sollte. Die Kabinenverglasung mit 75 mm starker Panzerglas-Windschutzscheibe beschränkte man zunächst auf ein Minimum. Beim überwiegenden Teil des restlichen Rumpfes kam dagegen herkömmliche Leichtmetall-Schalenbauweise zur Anwendung.

Die freitragende, zweiholmige Tragfläche war, wie auch das Seiten- und Höhenleitwerk, komplett aus Metall gefertigt. und dreiteilig aufgebaut. Das Flügelmittelstück diente als Motorträger und bildete eine Einheit mit dem Mittelrumpf. An den Hinterkanten der Flächen verliefen im inneren Bereich links und rechts des Rumpfes unterseitig mit Stoff bespannte Landeklappen, im äußeren Bereich bis zu den Flügelendkappen aerodynamisch und statisch ausgeglichene Querruder. Der Anstellwinkel der Höhenflosse war am Boden justierbar.

Das Hauptfahrwerk wurde hydraulisch nach hinten in die Motorgondeln eingezogen, wobei die Räder zu etwa einem Drittel unverkleidet blieben. Das Spornrad war hingegen nicht einziehbar.

Die Starrbewaffnung aus zwei Maschinengewehren MG 17, Kaliber 7,92 mm, und zwei 20-mm-MG-FF installierte man schwerpunktnah im Rumpf. Die Visiereinrichtung fand wegen der beengten Platzverhältnisse in der Kabine seinen Platz leicht nach rechts versetzt außerhalb vor der Windschutzscheibe.

A-0-Vorserie

Das erste Versuchsflugzeug startete im Mai 1939 zum Jungfernflug. Angetrieben wurde das nicht einmal zehn Meter lange Schlachtflugzeug von zwei V-12-Zylinder-Reihenmotoren Argus As 410 A-0, die eine Startleistung von je 430 PS, später 465 PS (A-1), abgaben und zweiblättrige Argus-Verstell-Luftschrauben drehten. Die Flugeigenschaften der kleinen aber schweren Zweimot konnten keineswegs überzeugen, und auch die Flugleistungen ließen wegen der zu schwachen Motoren sehr zu wünschen übrig. Nach zwei weiteren V-Mustern, von denen eines abstürzte, folgten erste etwas verbesserte A-0-Vorserien-Maschinen, die 1940 zur Erprobung an die Truppe gingen, wo das Flugzeug jedoch keinen Zuspruch fand. Zu schwach motorisiert, zu hohe Steuerdrücke und sehr schlechte Sichtverhältnisse für den Piloten waren die hauptsächlichen Ablehnungsgründe.

Bei Henschel machte man sich daran das Flugzeug zu überarbeiten. Vor allem mussten stärkere Motoren her.

B-1 mit mehr Motorleistung

Daher griff man nach dem Sieg über Frankreich auf den nun in großer Zahl zur Verfügung stehenden 14-Zylinder-Doppelsternmotor Gnôme-Rhône 14 M zurück, der eine Startleistung von gut 700 PS abgab. Ein 3-Blatt-Ratier-Verstellpropeller mit 2,55 Meter Durchmesser setzte die Leistung in Vortrieb um. Bei Henschel dachte man zunächst an einen Neuentwurf des Flugzeuges, doch drängte das RLM darauf, die Hs 129 auf die französischen Motoren umzurüsten. Mit veränderten Tragflächen und bezüglich der Sichtverhältnisse erheblich verbessertem Kabinenaufbau erschien Ende 1941 die Hs 129 B-0 (umgebaute A-1) beziehungsweise B-1. Die Leistungsdaten der Hs 129 bewegten sich mit den französischen Beute-Motoren entsprechend deutlich nach oben und konnten nun befriedigen. Auch die fliegerischen Qualitäten der B-Ausführung hatten gewonnen, wenngleich sie noch keineswegs als gut zu bezeichnen waren.

Die Bewaffnung bestand aus zwei MG 17 mit je 1000 Schuss sowie zwei 20-mm-MG 151/20 mit je 250 Schuss Munition. Mittels ETC 50-Trägern unter den Flügeln konnten serienmäßig zwei 50-kg-Bomben oder zwei AB 24-Behälter für jeweils 24 Stück 2-kg-SD2-Bomben untergehängt werden.

Durch Rüstsätze ließ sich der Kampfwert der Hs 129 je nach Einsatzzweck erheblich steigern. So konnte die Anzahl der SD 2-Bomben auf 96 SD 2-Splitterbomben in vier Behältern erhöht werden. Als weiterer Rüstsatz konnte eine mit 30 Schuss bestückte 30-mm-Maschinenka-

Zahmes »Raubtier«: Hs 129 A-0 mit Argus As 410-Reihenmotoren

Die meisten Hs 129 wurden mit Gnôme-Rhône-Sternmotoren ausgerüstet. Wie diese Hs 129 B, hatten etliche Maschinen einen Rückspiegel montiert

Eine Hs 129 B vom Schlachtgeschwader 2 1942 in Nordafrika. Lackiert war diese Maschine in Sandgelb mit dunkelgrünen Flecken und hellblauer Unterseite

GANZ OBEN **Selbst in zwei Hälften geteilt macht die Hs 129 noch einen stabilen Eindruck**

OBEN **Der Hs 129-Führerraum war stark gepanzert und derart knapp bemessen, dass man das Visier außerhalb montieren musste. Die Grad-Linien am Seitenfenster dienten zur leichteren Einschätzung des Sturzwinkels beim Angriff**

OBEN **Gerade von vorne offenbart sich die geringe Größe und Kompaktheit der Hs 129. Seitlich am Rumpf sind die jeweiligen Ausschussöffnungen der Starrbewaffnung zu sehen, wobei sich die MG 151/20 oben befanden**

none MK 101 unter dem Rumpf montiert werden. Auch mit MK 101 war das Mitführen von zwei 50-kg-Bomben oder Abwurfbehältern AB 24 möglich. Mit vier zusätzlichen MG 17 unter dem Rumpf und einem Munitionsvorrat von 2000 Schuss war die Version Hs 129 B-1/R3 ausgestattet. Vier SC 50 oder AB 24 ließen sich an ETC-Trägern unter dem Rumpf mitführen. Genauso wie eine 250-kg-Bombe oder ein abwerfbarer 300-l-Zusatztank (selten). Die Möglichkeit zum Einbau einer Reihenbildkamera für Aufklärungszwecke in die Hs 129 ist umstritten, beweiskräftige Unterlagen darüber scheint es nicht zu geben.

Spezielle Filter machten auch den Einsatz in Nordafrika einigermaßen möglich, obwohl die Gnôme-Rhône-Motoren grundsätzlich sehr empfindlich waren.

Verbesserte B-2

Mit verbessertem Treibstoffsystem und zwei 13-mm-MG 131 anstatt der MG 17 verließ die Folgevariante Hs 129 B-2 ab Mai 1942 die Werkshallen. Inzwischen war es notwendig geworden, die Hs 129 mehr und mehr als Panzerjäger einzusetzen, was die Ausrüstung mit schweren Kanonen bedingte. Ab Mitte 1943 konnte auch eine MK 103, Kaliber 30 mm, mit 100 Schuss unter den Rumpf gehängt werden. Die Hs 129 B-2/R3 flog mit der Bordkanone BK 3,7, Kaliber 37 mm. Zumal mit nur 12 Schuss munitioniert, kam die BK 3,7 nur selten zum Einsatz. Im Notfall konnten die Anbauwaffen abgesprengt und so das Flugzeug erheblich erleichtert werden.

Man erprobte auch Werfergranaten und ungesteuerte Raketen-Geschosse

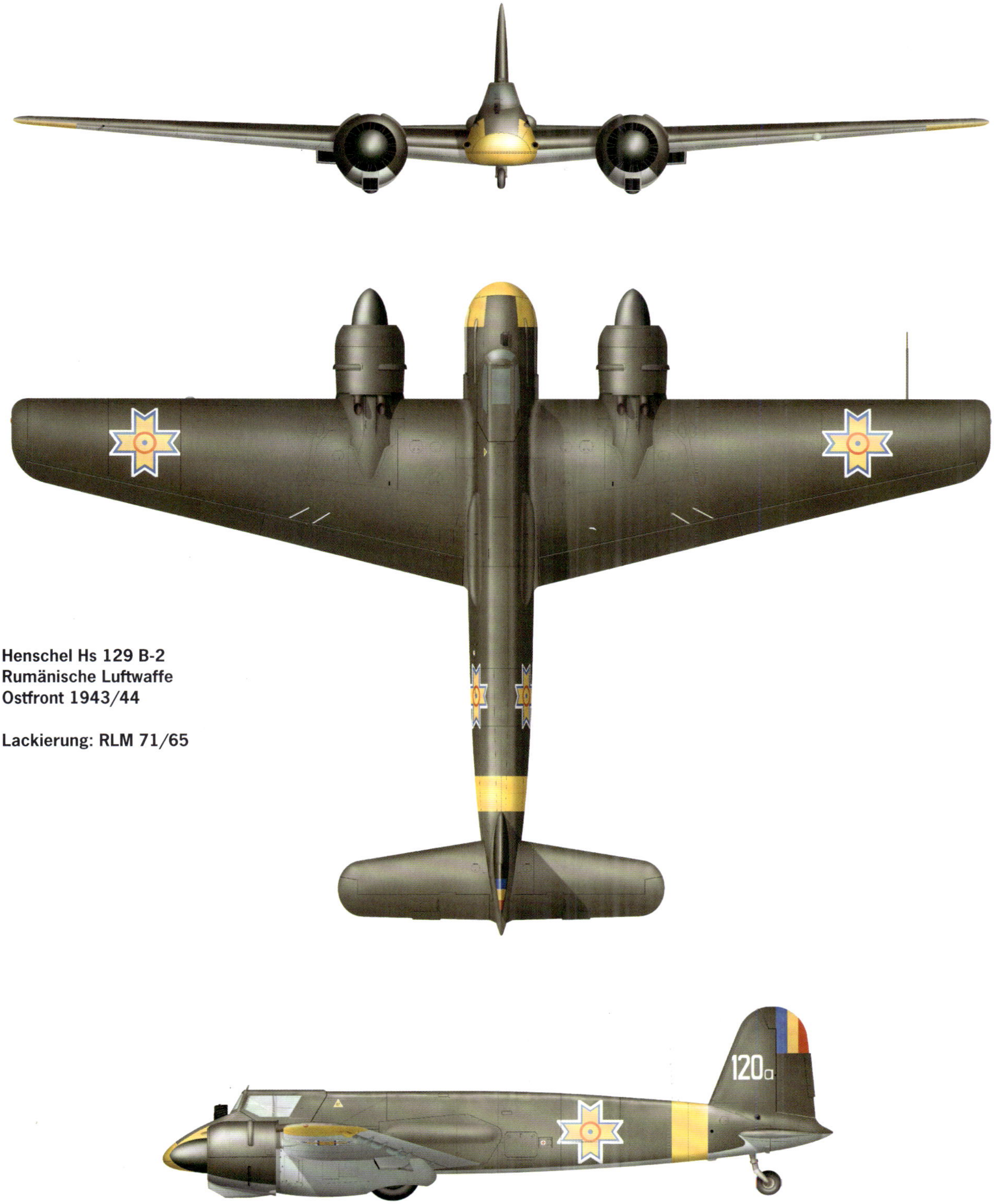

Henschel Hs 129 B-2
Rumänische Luftwaffe
Ostfront 1943/44

Lackierung: RLM 71/65

© Herbert Ringlstetter – www.aviaticus.com

GANZ OBEN **Diese Hs 129 B wurde zum alliierten Beutestück, dem Foreign Equipment mit der Kennung FE-4600. Das Rumpfvorderteil dieser Maschine ist bis heute in Australien erhalten geblieben**

unterschiedlichen Kalibers. Die interessanteste Ausführung stellte der annähernd senkrechte Einbau von sechs Werferabschussrohren im Rumpf dar. Per Sondergerät SG 113 A »Förstersonde« wurden im Panzer tief überflogen, durch Änderung des magnetischen Kraftfeldes erfasst und mittels automatisch ausgelöster, spezieller 77-mm-Werfergranaten bekämpft. Ob das System im scharfen Einsatz erprobt wurde, ist unklar.

Als Hs 129 B-3 bezeichnete Exemplare waren sogar mit einer 75-mm-Bordkanone BK 7,5 bewaffnet, mit der auch der stark gepanzerte Sowjet-Panzer T-34 mit nur einem Schuss geknackt werden konnte. Die Flugeigenschaften mit der über sechs Meter langen und 450 kg schweren Kanone waren jedoch miserabel. Nur etwa 25 weitere Hs 129 B-3 wurden gefertigt.

Die nochmals weiterentwickelte Version Hs 129 C mit Isotta-Fraschini-Motoren kam über das Entwurfstadium nicht hinaus.

Einsatz

Im Januar 1942 erhielt die 4. Staffel des Schlachtgeschwader 1 die ersten Hs 129 B-0 und B-1. Eingesetzt wurde der kompakte Schlächter ab Mai 1942 hauptsächlich an der Ostfront sowie in kleinerem Umfang auch in Nordafrika beim Schlachtgeschwader 2. Gut gepanzert und stark bewaffnet, zeigte sich die Hs 129 ihren Aufgaben gewachsen. Insgesamt bewährte sie sich als Schlachtflugzeug und Panzerjäger gut. Nicht umsonst erhielt die Henschel-Konstruktion den Spitznamen »Fliegender Büchsenöffner«. Ein größeres Manko der Hs 129 bestand im Einmotorenflug, da die schwere Maschine auch mit den stärkeren Aggregaten noch zu schwach motorisiert war. Längere Strecken mit nur einem laufenden Triebwerk ließen sich daher kaum be-

LINKS/OBEN **Mit der 75-mm-Bordkanone ausgestattete Hs 129 B-3. Hier ganz ohne MG-Bewaffnung während der Erprobung, erhielt die B-3 neben der BK 7,5 serienmäßig nur zwei leichte MG**

OBEN/RECHTS
Wartung und Aufmunitionierung der 30-mm-MK 103 unter dem Rumpf einer Hs 129 B-2

wältigen. Zudem gehörten die französischen Sternmotoren nicht gerade zu den zuverlässigsten, Motorschäden waren an der Tagesordnung und ein ständiges Ärgernis. Neben der deutschen setzte ab Mai 1943 auch die rumänische Luftwaffe Hs 129 ein.

Insgesamt wurden bis September 1944 über 870 Stück der Hs 129 gebaut. Eine unvollständige Kabine in Australien ist alles, was von der Hs 129 bis heute übrig geblieben ist.

Technische Daten – Henschel Hs 129

Henschel	Hs 129 B-1	Hs 129 B-2	Hs 129 B-3
Einsatzzweck	Einsitziges Erdkampfflugzeug	Einsitziges Erdkampfflugzeug	Einsitziges Erdkampfflugzeug
Besatzung	Flugzeugführer	Flugzeugführer	Flugzeugführer
Antrieb	2 x Gnôme-Rhône 14 M 4/5, luftgekühlter 14-Zylinder-Doppelsternmotor		
Startleistung	2 x 710 PS (ges. 1420 PS)	2 x 710 PS	2 x 710 PS
Spannweite	14,20 m	14,20 m	14,20 m
Länge	9,75 m	9,75 m	9,75 m
Höhe	3,25 m	3,25 m	3,25 m
Flügelfläche	29,00 m2	29,00 m2	29,00 m2
Flächenbelastung	171 kg/m2	181 kg/m2	–
Leergewicht	3621 kg	3810 kg	4063 kg
Rüstgewicht	4057 kg	4197 kg	–
Abfluggewicht	4960 kg	5250 kg	–
Höchstgeschwindigkeit	450 km/h in 3400 m	410 km/h in 3800 m	400 km/h
Marschgeschwindigkeit	–	315 km/h in 3000 m	–
Landegeschwindigkeit	145 km/h	145 km/h	145 km/h
Anfangssteigleistung Steigleistung ca.	570 m/min 7900 m in 23 min	490 m/min –	– 8000 m in 37 min
Reichweite max.	560 km	700 km	780 km
Dienstgipfelhöhe	7900 m	9000 m	9000 m
Bewaffnung	2 x MG 151/20 – 20 mm 2 x MG 17 – 7,92 mm	2 x MG 151/20 – 20 mm 2 x MG 131 – 13 mm	2 x MG 17 1 x BK 7,5 – 75 mm
Abwurflast	Bis zu 250 kg	Bis zu 250 kg	–
Verschiedene Rüstsätze möglich			

Hs 129 B-1/R-2, der 8./SchG 1, Ostfront im Sommer 1943. Lackierung: RLM 70/71/65. Die Maschine trägt gelbe Markierungen für an der Ostfront eingesetzte Flugzeuge

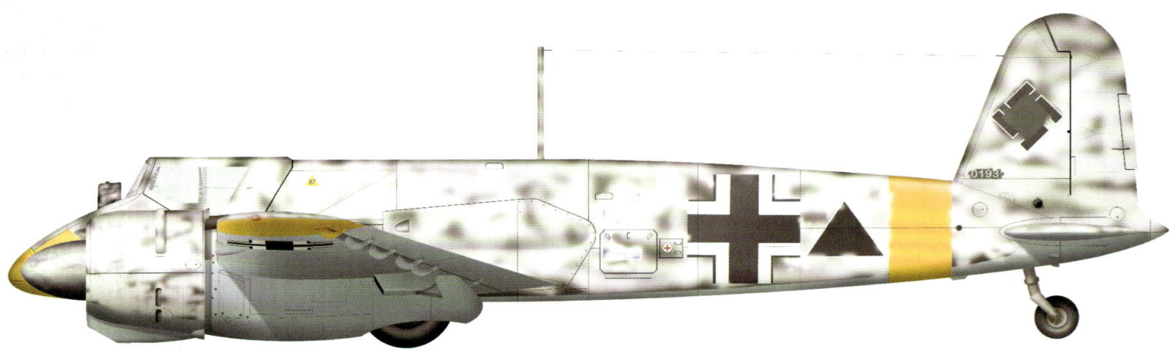

Hs 129 B-1/R-2, W.Nr. 0193, der 4./SchG 1, Ostfront im Winter 1942/43. Lackierung: provisorischer weißer Wintertarnanstrich über RLM 70/71, Unterseite 65

Hs 129 B-2/R-2, W.Nr. 141859, der IV.(Pz)/SG 9, Ostfront im Sommer 1944

Henschel Hs 129 B-1, W.Nr. 141859, lackiert in RLM 70/71/65. Die beiden Farben 70 und 71 lassen sich auf dieser Aufnahme gut unterscheiden. Bei stark abgenutzten, verwaschenen oder ausgebesserten Anstrichen ist dies oft nur schwer möglich. Fotomaterial und schlechter Kontrast können die Unterscheidung zusätzlich erschweren. Teilweise gab es jedoch auch einfarbige Oberseitenanstriche

Auf dem Flugplatz bei Tunis fanden US-Truppen im Mai 1943 einige flugunfähige deutsche Flugzeuge vor, darunter auch diese Hs 129 B der 8.(Pz)/Sch.G 2

Ju 87 D-5 der 1./StG 5 im Einsatz über der Sowjetunion. Die ersten Maschinen der D-Serie kamen erst Anfang 1942 zur Truppe

Vom Sturzkampfbomber zum Panzerjäger

Junkers Ju 87 D und G

Mit der D-Serie erschien 1941 eine abermals überarbeitete Version des berühmten Sturzkampfbombers, der dann auch als Schlachtflugzeug speziell zur Erdkampfunterstützung eingesetzt werden sollte

Ju 87 D-3 der 9./StG 2 in Begleitung von italienischen Macchi MC.200 an der Ostfront. Der leeren Abweisergabel nach, befinden sich die Maschinen auf dem Rückflug

Gegenüber der Ju 87 B waren Kabinenhaube sowie Motor- und Kühlerverkleidung der Ju 87 Dora komplett überarbeitet worden und verliehen der neuen Variante, dessen erstes Musterflugzeug die Ju 87 V21 darstellte, ein neues, weitaus schnittigeres Aussehen.

Die Langstreckenflug-Qualitäten der R-Ausführung wurden in die Ju 87 D integriert, die Flächen waren mit neuen strömungsgünstig verkleideten Trägern zur Aufnahme von sämtlichen zur Wahl stehenden Abwurflasten, einschließlich 300-l-Zusatztanks, ausgestattet. Des Weiteren wurde das weiterhin nicht einziehbare Fahrwerk, das später für Notlandungen auf unebenem Gelände sogar absprengbar ausgelegt war, verstärkt. Für den Wintereinsatz stand wahlweise ein Schneekufen-Fahrwerk zur Verfügung. Die Flächenbewaffnung sollte durch den Einbau von zwei schweren

Ju 87 D vom StG 77. Die Radverkleidungen sind demontiert, um auf den aufgeweichten Einsatzplätzen besser zurecht zu kommen

Ju 87 D in fortgeschrittenem Fertigungsstadium. Die Bauteile wurden von verschiedenen Firmen zugeliefert und bei Junkers endmontiert

MG 151/20, Kaliber 20 mm, anstelle der bisher verwendeten MG 17 stark verbessert werden. Dies wurde gerade auch für den geforderten Einsatz als Schlachtflugzeug für nötig erachtet. In Serie ging die verstärkte Flächenbewaffnung aber vorerst nicht. Stark verbessert wurde mit der Einführung der D-Serie die rückwärtige Bewaffnung im B-Stand. Der Funker und Bordschütze bediente nun ein doppelläufiges 7,9-mm-MG 81 Z, ein Zwillings-MG, das eine höhere Schussfolge als das bisher verwendete MG 15 hatte. Als Munitionsvorrat standen 1000 Schuss je Lauf zur Verfügung.

Produktions-Verzögerungen

Die Serienreife des Junkers Jumo 211 J ließ jedoch auf sich warten, Versuche mit dem DB 603 führten zu keinem zufrieden stellenden Ergebnis. Bis zum Frühjahr, teilweise sogar Sommer 1941, dauerte es, bis die ersten Musterflugzeuge V21 bis V25 mit 1420 PS starken Jumo 211 J ausgerüstet zur ausgiebigen Erprobung herangezogen werden konnten.

Mit der Motorleistung konnte auch die Bombenzuladung der 87 noch einmal gesteigert: Bis zu 1800 kg konnten als Überlast ins Ziel gebracht werden. In der Regel waren allerdings selten mehr als 750 kg untergehängt.

Die Serienproduktion der Ju 87 D-1 lief jedoch nur sehr schleppend an, so kamen die ersten Maschinen erst Anfang 1942 zu den Einheiten der Luftwaffe.

Wie schon bei der B-, sollte auch aus der D-Serie (D-2) eine spezielle Tropenversion (trop oder Trop) für den Einsatz in Nordafrika entwickelt werden, die jedoch fallengelassen und erst etwas später als Ju 87 D-3/Trop wieder aufgegriffen wurde.

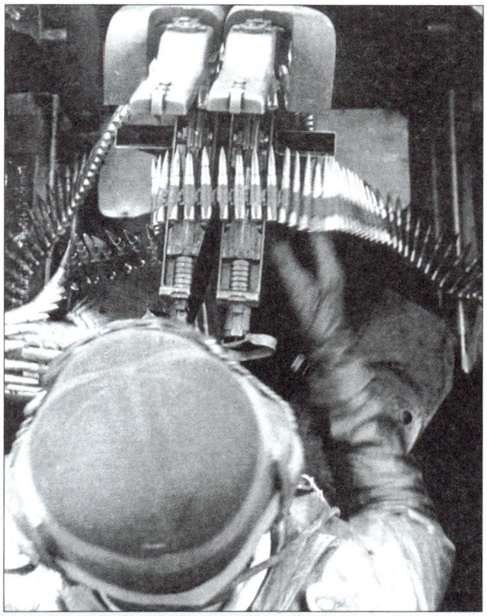

RECHTS Ein Bordschütze/Funker beim Einlegen der Munitionsgurte in das Zwillings-MG 81 Z, Kaliber 7, 9 mm. Pro Lauf standen bis zu 1000 Schuss zur Verfügung.

Ju 87 D-1 des StG 2 »Immelmann« im provisorischen Wintertarnanstrich. Die 50 kg-Bomben unter den Flächen sind mit Abstandzündern versehen, die ein Detonieren über dem Boden ermöglichten und verheerende Splitterwirkung zeigten

Ju 87 D-5 der 1./SG 3 mit einer SC 250- und vier SC 50-Bomben (siehe auch Grafik)

Der teils gepanzerte Abwehrstand einer Ju 87 D mit Zwillings-MG 81 Z, Kaliber 7,92 mm. Pro Lauf standen 1000 Schuss zur Verfügung

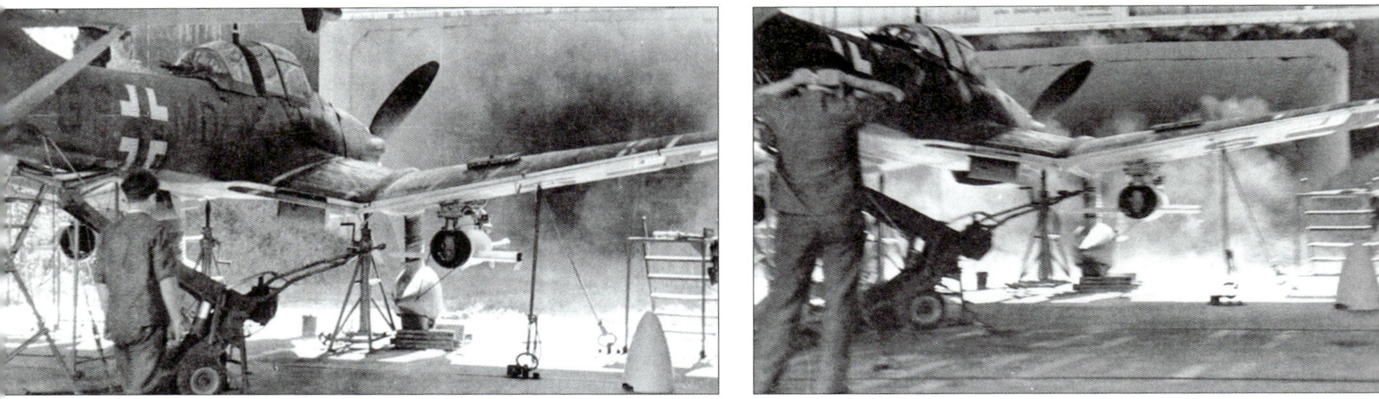

Eine aufgebockte Ju 87 G auf dem Schießstand. Das Abfeuern der 37-mm-Kanonen lässt die Halle vibrieren

Nach der mit erhöhtem Panzerschutz ausgestatteten D-3, die schon sehr hinsichtlich der Verwendung als Schlachtflugzeug ausgelegt war, folgte die Version D-5 mit auf 15 Meter verlängerter Spannweite und nochmals verbesserter Panzerung. Zudem wartete die Ju 87 D-5 endlich mit der schon lange geforderten verstärkten Flächenbewaffnung mit zwei MG 151/20 auf. Der Munitionsvorrat lag bei je 180 Schuss. Für Nachtschlachteinsätze wurde eine spezielle Zusatzausrüstung eingebaut. Außerdem erhielt die D-5 ein zusätzliches Querruderlager

Die Version D-6 entfiel, bei den Typen D-7 und D-8 handelte es sich um Umbauvarianten aus D-1- beziehungsweise D-3-Flugzeugen, die die größeren Tragflächen der Ju 87 D-5 erhielten.

Nicht in Serie gebaut wurde die mit einem Torpedo rüstbare D-4, die, mit Klappflügeln und Fanghaken ausgerüstet, für den Einsatz auf dem Flugzeugträger Graf Zeppelin vorgesehen war. Das Schiff wurde jedoch nie fertig gestellt. Ausschließlich zu Schulungszwecken entstand die Ju 87 H mit Doppelsteuerung und Blindflugausrüstung.

Schlachtgeschwader

Auch wenn die veraltete Ju 87 immer noch ein ausgezeichnetes Flugzeug für den Sturzangriff darstellte, wurden Angriffe dieser Art mit Fortschreiten der

Ju 87 G-2, SG 2, Ostfront im Sommer 1944. Geflogen wurde die mit sonst nur bei Jagdflugzeugen üblichen Markierungen versehene Maschine von Geschwaderkommodore Oberstleutnant Hans-Ulrich Rudel, dem erfolgreichsten und bekanntesten Stuka-Flieger. Rudel brachte es bis Kriegsende auf 2530 Feindflüge (auch Fw 190), wobei er eine mehr als außergewöhnliche Einsatzbilanz erreichte

schlechten Kriegslage immer riskanter und verlustreicher. Ohne ausreichenden Jagdschutz waren die langsamen Stukas zu verwundbar. Neue Taktiken wurden notwendig, so flogen Ju 87 immer öfter als Schlachtflugzeuge in Tages- und Nachteinsätzen. Aus Sturzkampfgeschwadern (StG) wurden ab Herbst 1943 Schlachtgeschwader (SG). Für Nachteinsätze waren die Flugzeuge mit einer Blindflugausrüstung ausgestattet, über den Auspuffrohren verhinderten Flammenvernichter die Sichtbarkeit bei Nacht. Die Sturzflugbremsen konnten für Schlachteinsätze entfernt werden.

Auf Panzerjagd

Mit der speziell zur Panzerjagd mit schweren Kanonen ausgerüsteten Ju 87 G konnten ab Frühsommer 1943 noch einmal beachtliche Erfolge erzielt werden, obwohl die »Kanonenvögel«, bedingt durch die jeweils 425 kg schweren Waffen, doch sehr behäbig zu fliegen waren. Unter den Tragflächen waren zwei 37-mm-Kanonen Flak 18 mit anfänglich je sechs, dann zwölf Schuss Munition montiert. Zur Gewichtsersparnis war die übliche Flächenbewaffnung meist ausgebaut, ebenso die Bombenträger und Sturzflugbremsen. So entstand aus D-1- und D-3-Maschinen die erste Panzerjäger-Ausführung G-1, aus der D-5 wurde die G-2 mit ebenfalls vergrößerter Fläche abgeleitet.

OBEN **Eine Ju 87 D-5 mit serienmäßiger Flächenbewaffnung aus zwei 20-mm-MG 151/20. Die Maschine ist mit einer Flammenvernichteranlage für den Nachteinsatz versehen, unter den Flügeln hängen hölzerne Transportbehälter**

UNTEN **Die Ju 87 G mit zwei 37-mm-Kanonen unter den Tragflächen erwies sich als effektive Waffe und war entsprechend gefürchtet bei feindlichen Panzerbesatzungen. Jagdflugzeugen bot der schwere, behäbig zu fliegende Panzerjäger jedoch ein relativ leichtes Ziel**

Ein »Kanonenvogel« Ju 87 G-2 auf der Jagd nach feindlichen Panzern

Technische Daten – Junkers Ju 87 D und G

Junkers Ju 87	D-1	D-5	G-1
Einsatzzweck	Zweisitziges Sturzkampf- und Schlachtflugzeug		
Antrieb	Junkers Jumo 211 J, flüssigkeitsgekühlter, hängender V-12-Zylinder-Reihenmotor		
Startleistung	1420 PS	1420 PS	1420 PS
Dauerleistung	1190 PS	1190 PS	1190 PS
Spannweite	13,80 m	15,00 m	13,80 m
Länge	11,00 m	11,00 m	11,00 m
Höhe	3,84 m	3,84 m	3,84 m
Flügelfläche	31,90 m²	33,60 m²	31,90 m²
Rüstgewicht	3870 kg	3940 kg	4800 kg
Startgewicht max.	5720 kg	6600 kg	5750 kg
Höchstgeschwindigkeit	410 km/h	410 km/h	370 km/h
Marschgeschw. max.	310 km/h	310 km/h	280 km/h
Sturzgeschw. max.	600 km/h	600 km/h	–
Landegeschwindigkeit	120 km/h	120 km/h	125 km/h
Steigleistung	14 min auf 3000 m	–	–
Reichweite	820 km	820 km	800 km
Gipfelhöhe (beladen)	7350 m	7500 m	–
Starr-Bewaffnung	2 x MG 17 – 7,9 mm 1 x MG 81 Z – 7,9 mm –	2 x MG 151/20 – 20 mm 1 x MG 81 Z –	– 1 x MG 81 Z 2 x Flak 18 – 37 mm
Bombenzuladung max.	1800 kg	1800 kg	–

Eine stark überarbeitete Ju 87 F (später als Ju 187 bezeichnet) mit Jumo 213 und Einziehfahrwerk sollte die alte Ju 87 ablösen, ging jedoch nicht mehr in Serie. Die robuste und schnelle Focke-Wulf Fw 190 ersetzte die Ju 87 ab 1943 nach und nach in den Schlachtgeschwadern.

Mehr als 5700 Exemplare, darunter etwa 3850 D-Typen, wurden bis zur Produktionseinstellung 1944 von diesem außergewöhnlichen Knickflügel-Flugzeug gebaut, das zu den bekanntesten Kampfmaschinen des Zweiten Weltkrieges gehört. Auch die schier unglaublichen Erfolge von Hans-Ulrich Rudel, des höchst ausgezeichneten Soldaten der deutschen Wehrmacht, in den letzten Kriegsjahren mögen viel dazu beigetragen haben, die Ju 87 für immer in die Analen der Luftkriegsgeschichte eingehen zu lassen.

Geflogen wurde die 87 auch in den Luftstreitkräften verbündeter Staaten wie Italien, Rumänien und Bulgarien.

Nur zwei komplette Ju 87 sind derzeit weltweit erhalten geblieben: die Ju 87 R-2/Trop der 1./StG 1 im Museum of Science and Industry in Chicago sowie die Ju 87 G-2 im Royal Air Force Museum Hendon in London. ◀

Panzerjäger Ju 87 G-1 während der Erprobung. Sturzflugbremsen und die übliche Flächenbewaffnung waren entfernt. Auf der Motorhaube das Panzerjägerstaffel-Emblem, ein russischer T-34

Ein Waffenwart beim Aufmunitionieren der 37-mm-Kanone Flak 18. Ein Magazin fasste zwölf Schuss

Ein ganz besonderes Ju 87-Exemplar war diese aus einer D-3 entstandene Variante mit zwei Kabinen über den Flächenknicken

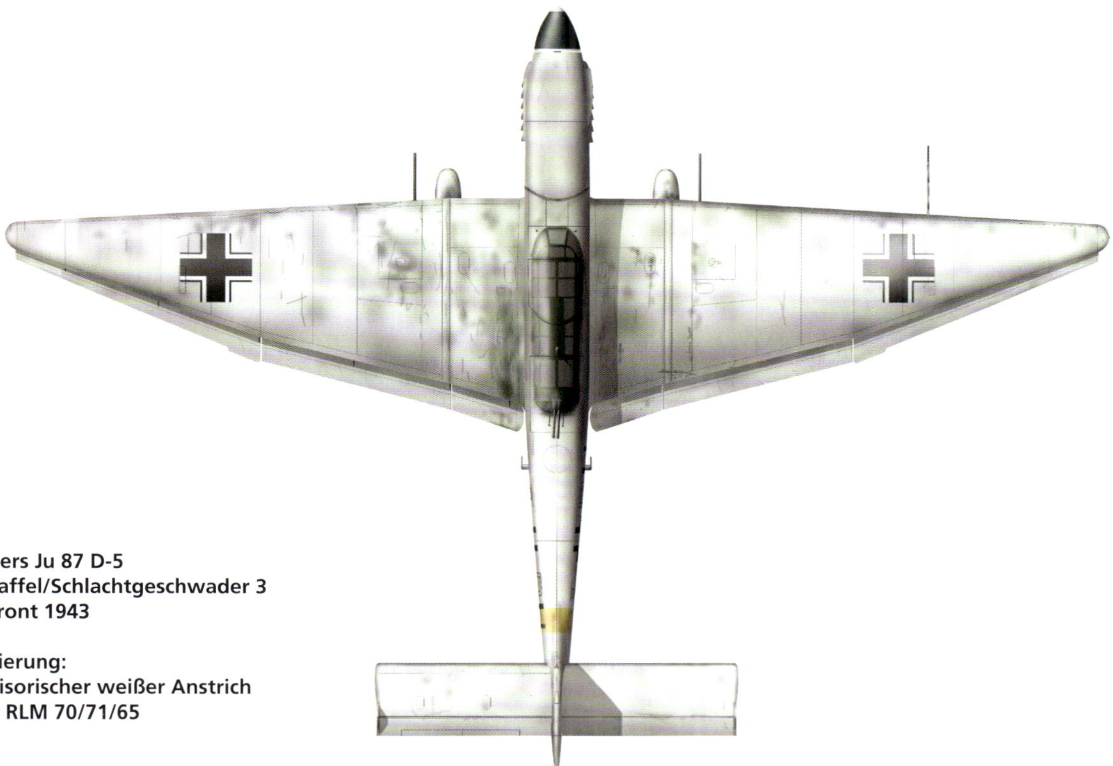

Junkers Ju 87 D-5
1. Staffel/Schlachtgeschwader 3
Ostfront 1943

Lackierung:
Provisorischer weißer Anstrich
über RLM 70/71/65

© Herbert Ringlstetter – Aviaticus.com

Ju 87 D-3 der 5./StG 2 in Russland im Sommer 1942. Geflogen wurde sie von Oberleutnant Günther Schmidt. Auf der Motorhaube sind das Emblem der 5. Staffel und der Schriftzug *Bärli* aufgemalt

Ju 87 D-1, T6+BL, der 3./StG 2, die 1942 an der Ostfront eingesetzt war und einen individuellen, aufgehellten Tarnanstrich trug

Ju 87 D-8, E8+HH, der 1. Staffel/Nachtschlachtgruppe 9 in Italien. Für Einsätze bei Dunkelheit war die Maschine, die am 7. Juli 1944 verloren ging, mit einer Flammenvernichter-Anlage versehen

Ju 87 D-5 – deutlich sind die verlängerten Tragflächen zu erkennen. Das gelbe Rumpfband kennzeichnet die Maschinen als an der Ostfront eingesetzte Flugzeuge

Focke-Wulf Fw 190 »Würger«

Fw 190 F und G – Jagdbomber und Schlachtflugzeug

Schon verschiedene Versionen der Fw 190 A-Serie konnten als schnelle Jagdbomber, Zerstörer und Schlachtflugzeuge eingesetzt werden. Die Fw 190 zeigte sich in dieser Hinsicht als außerordentlich gut geeignet, so lag es nahe, eine speziell für die Erdkampfunterstützung ausgelegte Fw 190-Variante zu schaffen

Fotos, falls nicht anders angegeben: Sammlung Ringlstetter

Fw 190 F-8 mit Abwurfbehälter AB 250 unter dem Rumpf und vier SC 50-Bomben unter den Flächen

Besser gepanzert und mit einem verstärkten Fahrwerk ausgestattet, erschien Anfang 1943 die auf der A-4/U3 basierende Fw 190 F-1, die jedoch nur in wenigen Exemplaren gebaut und schon bald von der F-2 abgelöst wurde. Basis war hier die verbesserte, etwas längere A-5.

Wie bei der Fw 190 A-5 waren im Rumpf zwei 7,9-mm-MG 17 mit je 900 Schuss untergebracht. Die Flügelbewaffnung bestand aus zwei in den Flächenwurzeln eingebauten 20-mm-MG 151/20, die über einen Munitionsvorrat von je 250 Schuss verfügten.

Mittels ETC 501-Träger unter dem Rumpf konnte eine Bombenlast von bis zu 500 kg (im Ausnahmefall auch mehr) mitgeführt werden. Neben (den am meisten eingesetzten) 250-kg- und 500-kg-Bomben war auch die Aufnahme eines ER 4 möglich, eines Einhängerostes für vier 50-kg-Bomben. Unter den Tragflächen waren zunächst keine Lasten vorgesehen, erst mit der F-3 konnten auch dort Lasten transportiert werden. Für den Einsatz in Nordafrika und Süditalien gab es eine spezielle Tropenausrüstung, die unter anderem aus Sandfiltern vor den offenen Lader-Lufteinlässen bestand.

Die Varianten F-4 bis F-7 blieben im Teststadium stecken. Erst die F-8, das Schlachtflugzeug-Pendant zur A-7/-8, wurde in Großserie hergestellt. Auch bei der Fw 190 F-8 war die Rumpfbewaffnung durch den Einbau von zwei MG 131, Kaliber 13 mm, mit 475 Schuss verstärkt worden. Um dem immer größer werdenden Abfluggewicht Rechnung zu tragen, wurden auch die Trag-

Fw 190 F vom Schnellkampfgeschwader (SKG) 10

Jagdbomber mit erhöhter Reichweite (Jabo-Rei) Fw 190 G-1 mit 250-kg-Bombe und zwei abwerfbaren 300-l-Kraftstoffbehältern an verkleideten ETC-Trägern

Fw 190 A-5/U3 der 5./Schlachtgeschwader 1 in Deblin-Irena/Polen

Diese blindflugtauglichen Fw 190 G-3/N der Nachtschlachtgruppe 20 sind mit Flammendämpfern und Landescheinwerfer ausgerüstet

flächen im Bereich des Fahrwerks verstärkt. Als Antrieb diente wieder der luftgekühlte BMW 801 D-2-Doppelsternmotor mit einer Startleistung von 1730 PS. Hinter dem Pilotensitz fand ein Zusatzbehälter mit 115 Litern Treibstoff oder eine GM 1-Anlage zur kurzzeitigen Leistungssteigerung Platz. Der normale, unter der Führerkabine in zwei Tanks untergebrachte Kraftstoffvorrat belief sich auf 525 Liter. Der ETC 501 unter dem Rumpf musste 20 cm weiter nach vorn verlegt werden, um den Zusatzbehälters beziehungsweise die GM 1-Anlage auszugleichen.

Ein Teil der F-8-Serie wurde mit einer im Oberteil gewölbten Kabinenhaube ausgestattet, die für mehr Bewegungsfreiheit und bessere Sicht sorgte. Die Fw 190 F-9 erhielt einen BMW 801 TS oder TU mit 2000 PS Start- und Notleis-

Zwei Waffenbehälter mit je zwei MG 151/20 sind unter den Flächen der Schlachtflugzeug-Ausführung Fw 190 A-5/U12 (aus A-6/R1) als Rüstsatz montiert

Für die verschiedenen Einsatzzwecke wurden zahlreiche Waffenrüstsätze wie diese 30-mm-MK 103-Waffengondel erprobt

Startbereit: Fw 190 G mit untergehängten Abwurfbehältern AB 250

tung. Selbst die höchstzulässige Dauerleistung des neuen Motors lag bei beachtlichen 1470 PS.

Eine Vielzahl von Außenlasten wie Waffen und Zusatztanks konnten an verschiedenen Trägern befestigt werden. Zur effektiven Bekämpfung von gepanzerten Fahrzeugen wurden unterschiedliche Kanonen sowie Abwurfwaffen getestet, von denen aber nur wenige tatsächlich Einsatzreife erlangten. Wie etwa der »Panzerblitz«: zwei mal sechs Raketen, die über, unter den äußeren Tragflächen angebrachte, Schienen verschossen wurden und eine beachtliche Wirkung hinterließen. Nicht zum Einsatz kamen dagegen Torpedojäger-Varianten, die mit dem Rüstsatz 14 ausgestattet Luft- und Bombentorpedos ins Ziel bringen konnten. Je nach Außenlast ergab sich ein Geschwindigkeitsverlust von

Eine Fw 190 F-8 vom SG 2 rollt zum Start. Um die Rollfähigkeit bei Schnee und Schlamm zu gewährleisten, wurden die Radverkleidungen oftmals abmontiert

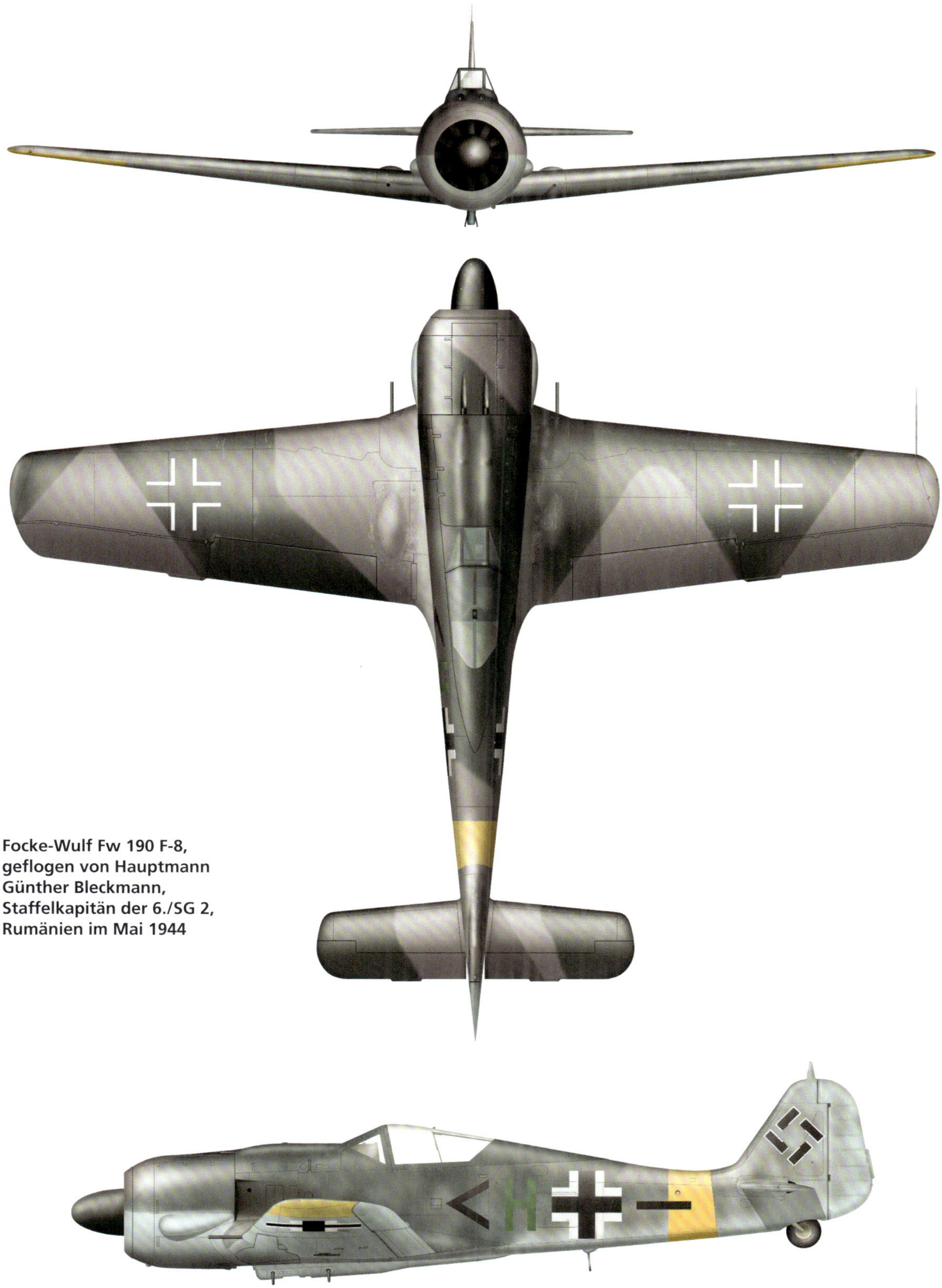

Focke-Wulf Fw 190 F-8,
geflogen von Hauptmann
Günther Bleckmann,
Staffelkapitän der 6./SG 2,
Rumänien im Mai 1944

© Herbert Ringlstetter 2007 – Aviaticus.com

Fw 190 F-8 des SG 2 mit verbesserter gewölbter Kabinenhaube

13-mm-MG 131-Rumpfbewaffnung, Fw 190 F-8/9 sowie A-7 bis 9 eingebaut

LINKS **Einhängerost (ER) 4 für vier 50-kg-Bomben**

bis zu 90 km/h, das Steigvermögen verschlechterte sich teilweise um mehr als fünf Meter pro Sekunde während die Dienstgipfelhöhe um bis zu 2300 Meter sank. Zudem war die Manövrierfähigkeit erheblich eingeschränkt. Da die Träger fest installiert waren, musste auch nach Abwurf der Last noch ein kleiner Fahrtverlust hingenommen werden, der mit Rumpf- und Flächenträgern je nach Ausführung bei etwa 15–30 km/h lag.

Fw 190 »Gustav«

Ebenfalls aus der A-Serie entwickelt wurde die Baureihe G, die in erster Linie als Jagdbomber für erhöhte Reichweite (Jabo-Rei) gedacht war. Die in G-1 umbenannte Fw 190 A-4/U8 mit zwei 300-l-Zusatztanks an den Flächenträgern sowie einer maximalen Bombenlast von 500 kg unter dem Rumpf war entsprechend der Aufgabenstellung aufgerüstet. Ihr folgte die Fw 190 G-2, die der A-5/U8 entsprach und Anfang 1943 erstmals zum Einsatz kam. Mit Flammenvernichteranlage oder Blendleisten sowie Landescheinwerfer waren die Maschinen für Nachteinsätze ausgerüstet. Stark verbessert zeigte sich die G-3 (A-5/U13). Die Rumpfbewaffnung war nun ausgebaut, einzig die Flächenwurzel-MGs blieben. Teilweise verfügten Maschinen dieser Reihe über eine PKS-11-Kurssteuerung. In einigen Maschinen war hinter der Kabine ein GM 1-Tank eingebaut. Eine sogenannte Kuto-Nase, eine scharfe Kante hinter der Flügelnase, diente zum Durchtrennen von Sperrballonkabeln.

Die G-4 entsprach einer mit Kuto-Nase und PKS 11 aufgefrischten G-1. Ob diese Version tatsächlich gebaut wurde, ist fraglich. Nachdem die G-5, -6 und -7 nicht in Serie gingen, war die Fw 190 G-8 der letzte Langstrecken-Jagdbomber und »Schlächter« der G-Reihe. Diese Maschinen verfügten über keine Kuto-Nase, die Funkausrüstung

Musterflugzeug für die F-2: Fw 190 A-5/U3 mit auf zwei MG 151 in den Flächenwurzeln reduzierter Starr-Bewaffnung

die gewöhnlich in den Versionen
war

Technische Daten – Focke-Wulf Fw 190 F und G

Focke-Wulf Fw 190	F-8	G-3 Jabo-Rei
Typ:	einsitziges/r Schlachtflugzeug	Langstrecken-Jagdbomber
Antrieb:	BMW 801 D-2 luftgekühlter 14-Zylinder-Doppelsternmotor	BMW 801 D-2
Startleistung:	1730 PS	1730 PS
Dauerleistung:	1370 PS in 1200 m	1370 PS in 1200 m
Spannweite:	10,51 m	10,51 m
Länge:	8,85 m	9,00 m
Höhe auf Sporn:	3,95 m (mit Luftschraube)	3,95 m
Flügelfläche:	18,30 m²	18,30 m²
Spurweite:	3,50 m	3,50 m
Rüstgewicht:	2890 kg	2720 kg
Startgewicht:	4790 kg	4100 kg (ohne Außenlast)
Höchstgeschw.:	630 km/h in 5500 m	650 km/h in 5800 m
Marschgeschw.:	580 km/h	–
Landegeschw.:	170 km/h	170 km/h
Steigleistung:	11 m/s	–
Reichweite:	850 km	1200 km
Gipfelhöhe:	10 500 m	–
Startrollstrecke:	850 m	610 m
Starrbewaffnung:	2 x 13 mm – MG 131 2 x 20 mm – MG 151/20	– 2 x 20 mm – MG 151/20
Bombenzuladung:	bis zu 500 kg	bis zu 500 kg (G-8 bis zu 1000 kg)

war verbessert und es bestand weiterhin die Möglichkeit über verschiedene Rüstsätze die effektivste Ausrüstung für den entsprechenden Einsatzzweck zu ermöglichen.

Zu Schulungszwecken gebaute Doppelsitzer wurden auch auf ihre Brauchbarkeit für den Kampfeinsatz getestet, zu einer Serienfertigung kam es jedoch nicht. Den Schlachtfliegern stand ab 1943 mit der kompakten Fw 190 ein hervorragendes Flugzeug zur Verfügung. Denn zweifellos war die Focke-Wulf Fw 190 nicht nur ein erstklassiges Jagdflugzeug, sondern aufgrund seiner stabilen und einfachen Bauart sowie seiner flugtechnischen Leistungsfähigkeit auch eines der besten Flugzeuge zur Erdkampfunterstützung.

Fw 190 G-3, WNr 160022, der 10./SKG 10. Der Jagdbomber wurde am 9. September 1943 auf dem Flugplatz von Montecorvino auf Sizilien von alliierten Truppen in intaktem Zustand erbeutet

Fw 190 F-2 der 6./SchlG 1 im Frühjahr 1943

Fw 190 F-8, W.Nr. 588453, einer nicht identifizierten Einheit. Lackierung: RLM 74/75/76

Fw 190 F-8 der Ungarischen Luftwaffe 1944

Fw 190 F-8 der 5./SG 2, geflogen von Unteroffizier Eugen Lörcher, der sich bei Kriegsende mit der Schwarzen 3 in den Westen absetzte. Nur die Oberseiten (wahrscheinlich RLM 83/75) des Flugzeugs sowie die Querruder und Ruderflächen des Leitwerks (Grundierrot) waren lackiert, der Rest präsentierte sich in Naturmetall

Ebenfalls erhältlich ...

ISBN 978-3-86245-326-9

ISBN 978-3-95613-407-4

ISBN 978-3-86245-329-0

ISBN 978-3-86245-307-8

GeraMond

www.geramond.de

Legenden der Lüfte
DAS MAGAZIN FÜR LUFTFAHRT, ZEITGESCHICHTE UND OLDTIMER
FLUGZEUG CLASSIC
9
FLUGZEUG CLASSIC
Ein Magazin von GeraMond
€ 5,90
Sep. 2014
www.flugzeugclassic.de
Arado Ar 234
Wie der Jet die Invasion ausspähte
Zeitzeugenbericht!
Die letzte Stuka-Crew
Feuertaufe an der Ostfront
Junkers Ju 388/Ju 488
Die letzten Highend-Flugzeuge von Junkers
Handley Page Halifax
Zweite Karriere als Lastesel
P-51 Mustang
Mitflug im Warbird
Riesenflugboot
Dorniers Gesellenstück
Film »Night Flight«
Fliegerschatz der 30er-Jahre
Dornier Do 19 | Heinkel He 111 | Hawker Typhoon
Online blättern oder Testabo mit Prämie bestellen unter:
www.flugzeugclassic.de/abo

Anfang 1944: Junkers Ju 87 D-5 vom Schlachtgeschwader 2 mit abwaschbarem Wintertarnanstrich. Aus den Flächen ragen die Läufe der beiden MG 151/20, Kaliber 20 mm. Am Heck trägt die Maschine ein gelbes Rumpfband für an der Ostfront eingesetzte Flugzeuge.